国家自然科学基金项目（51478413）与
亚热带建筑科学国家重点实验室开放课题（2014KB08）资助

声学辐射度模型研究与应用

张红虎 著

ZHEJIANG UNIVERSITY PRESS
浙江大学出版社

图书在版编目（CIP）数据

声学辐射度模型研究与应用 / 张红虎著. — 杭州：
浙江大学出版社，2020.12 (2022.2 重印)
ISBN 978-7-308-20221-3

I. ①声… II. ①张… III. ①声学量测量–声学模型
–研究 IV. ①TB52

中国版本图书馆 CIP 数据核字 (2020) 第 080472 号

声学辐射度模型研究与应用

张红虎 著

策 划	许佳颖	
责任编辑	金佩雯	
责任校对	陈 宇	
装帧设计	周 灵	
出版发行	浙江大学出版社	
	（杭州市天目山路 148 号　邮政编码 310007）	
	（网址：http://www.zjupress.com）	
印 刷	浙江新华数码印务有限公司	
开 本	710mm×1000mm　1/16	
印 张	10.75	
字 数	162 千	
版 印 次	2020 年 12 月第 1 版　2022 年 2 月第 2 次印刷	
书 号	ISBN 978-7-308-20221-3	
定 价	56.00 元	

前　言

　　声学辐射度模型是几何声学中一个典型的理论与仿真模型，其重要特点是假定房间具有理想扩散反射界面。广义声学辐射度模型则是本书作者对声学辐射度模型的推广，使房间界面不再局限于某种特定的反射模式，但是该模型要求界面反射模式与入射声方向无关。目前在几何声学范畴中，能够全面描述房间界面反射特性渲染的方程法，代表了算法发展的重要方向。一些经典算法，包括虚声源、声线追踪法以及声学辐射度法等，皆为其特例。广义声学辐射度模型是声学辐射度模型的一个推广，也是声学渲染方程法的一个特例，且已成为声学辐射度模型相关理论向声学渲染方程法演进的一座重要桥梁。

　　作者长期进行基于声学辐射度模型的室内声场理论与仿真算法的基础研究。本书主要是作者目前在这方面研究的汇总。第 1 章简要介绍了经典声学辐射度模型的背景。第 2 章从渲染方程出发，给出了声学辐射度模型的详细描述，并对其计算实现进行了一定的探讨。第 3 章围绕运算加速问题，提出了声场松弛的概念，定义并研究了描述声场松弛程度的参量，同时将其应用于仿真优化加速。由于室内声场仿真的一个核心内容是计算房间脉冲响应，脉冲响应则是点声源脉冲激励引起的房间声场受声点处的衰变结构，而实际声源一般产生有限激励，脉冲激励是其极限状态。第 4 章提出了广义声学辐射度模型，并建立了该模型在有限激励下的声场衰变结构理论，是本书最重要的一章。第 5 章利用声学辐射度模型，对一些空间声场特性进行研究。

　　限于作者水平等原因，本书存在很多疏漏与不足，唯愿能为相关领域研究者提供些许参考。

2020 年 11 月 于紫金港

目　录

第1章　绪　论 　　　1

　1.1　室内声场的计算机仿真 1

　1.2　声学辐射度模型 　　　5

　　　1.2.1　声学辐射度模型基本形式 　　　5

　　　1.2.2　声学辐射度模型拓展 6

第2章　声学辐射度模型原理与实现 　　　10

　2.1　声学渲染方程 10

　2.2　经典声学辐射度模型 　　　13

　　　2.2.1　声学辐射度方程 　　　13

　　　2.2.2　房间界面的约定 　　　17

　2.3　声学辐射度模型计算机实现 　　　19

　　　2.3.1　声学辐射度方程的离散化与基本求解 　　　19

　　　2.3.2　声学辐射度模型的并行实现 21

第3章　声学辐射度模型声场衰变仿真研究 　　　27

　3.1　研究背景 27

　3.2　矩形房间声场松弛 　　　30

　3.3　仿真运算结束判据 35

　　　3.3.1　能量判据与简单松弛判据 　　　36

　　　3.3.2　两种判据效果比较 　　　38

　　　3.3.3　基于松弛角衰变的判据 40

　3.4　声源激励的影响 45

目 录

第 4 章 声学辐射度模型声场衰变结构理论　　　　　　　　　**52**

　4.1　研究背景　. . . . .　52

　4.2　广义声学辐射度模型声场衰变的基本理论　. . . . . .　55

　　　4.2.1　广义声学辐射度模型　. . . . .　55

　　　4.2.2　研究工具　. . . . .　56

　　　4.2.3　基本理论　. . . . .　59

　4.3　基本理论的证明　. . . . .　60

　　　4.3.1　定理 4.3 的证明　. . . . .　60

　　　4.3.2　定理 4.4 的证明　. . . . .　63

　　　4.3.3　定理 4.6 的证明　. . . . .　63

　　　4.3.4　定理 4.8 的证明　. . . . .　64

　　　4.3.5　定理 4.9 的证明　. . . . .　68

　　　4.3.6　定理 4.10 的证明　. . . . .　83

　4.4　广义声学辐射度模型声场衰变结构　. . . . .　86

　　　4.4.1　声场衰变的基本结构　. . . . .　87

　　　4.4.2　声场衰变结构的几何意义　. . . . .　90

　4.5　案例: 球形空间中的声场衰变　. . . . .　94

　　　4.5.1　一般分析　. . . . .　94

　　　4.5.2　松弛条件的证明　. . . . .　96

　　　4.5.3　两个吸声系数下的案例　. . . . .　98

　4.6　媒质吸收　. . . . .　102

第 5 章 声学辐射度模型的应用实例　　　　　　　　　　　**103**

　5.1　镜面与扩散反射界面球形空间语言清晰度比较　. . . .　103

　　　5.1.1　原理与方法　. . . . .　104

　　　5.1.2　计算结果　. . . . .　108

　　　5.1.3　与立方体空间的比较　. . . . .　112

　5.2　某临街高大厂房噪声引起的街道声场　. . . . .　114

5.2.1　声场特点 116

5.2.2　计算模型 117

5.2.3　计算结果 121

5.2.4　关于透射声衍射的计算 123

5.3　球体中的声场 125

5.4　圆形广场空间的声学特性 130

5.4.1　声源高度的影响 131

5.4.2　平面尺度的影响 136

5.4.3　地面吸声系数的影响 140

5.4.4　镜面反射地面 147

附录　声学辐射度模型程序概况　　　　　　　　**152**

参考文献　　　　　　　　　　　　　　　　　　　**158**

第 1 章　　绪　论

1.1　室内声场的计算机仿真

随着计算机技术的发展，利用计算机仿真室内声场已经成为室内声学研究的重要手段。基于几何声学的室内高频声场仿真在建筑声学中具有极其重要的意义。一个显著的原因是，诸多建筑厅堂相对于重要的可听声波长具有较大的尺度，足以采用几何声学近似来处理，从而避免复杂的波动分析。几何声学仿真一般将声音视为能量的辐射传播而忽略相位，模拟声能被房间界面反射的过程。目前在建筑厅堂设计工程实践中的主流仿真软件，诸如 ODEON 与 RAYNOISE 等，其内核几乎都是基于几何声学的仿真算法。

在仿真中，实质性的工作是模拟声音在房间界面上的反射过程，而直达声 (即声源发声) 事实上是仿真的已知条件。对房间界面反射特性的描述与表达是算法的核心，深刻影响着算法的设计思路。当声能入射到房间界面上的某一点时，形成的反射声能的空间分布往往比较复杂。例如，图 1.1 给出了常用来描述界面反射特性的三种模式: 理想扩散反射、定向扩散反射与镜面反射。理想扩散反射能量的空间分布满足朗伯 (Lambert) 余弦定律且与入射方向无关。在镜面反射中，入射方向、反射方向与界面法向量共面，反射角等于入射角。定向扩散反射能量的空间分布与入射方向相关，在越接近镜面反射的方向上，具有越大的反射能量密度。为了简化处理，在室内声学中，常把房间界面的反射特性简化为理想扩散反射与镜面反射的线性组合，并用扩散系数来表示扩散反射声能占总反射声能的比例。我们称这一处理方式为界面反射特性的基本简化。在此基础上，产生两类经典的算法，虚声源法[1-3] 和声线追踪法[4-5]。

虚声源法只适用于处理镜面反射问题。当室内一个声源发出的声音经过房间界面镜面反射到达受声点时，反射声可以被看作该声源由反射界面产生

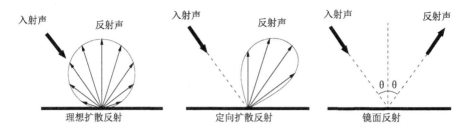

入射声　反射声　　入射声　反射声　　入射声　反射声

θθ

理想扩散反射　　　定向扩散反射　　　　镜面反射

图 1.1　三种常用的界面反射模式

的虚像所发出的声音经过反射界面衰减后对受声点的贡献，该虚像被称为虚声源。如果一个声源发出一个脉冲声，在受声点处计算得到该声源与它所有的虚声源对受声点的贡献，就可以得到声源与受声点之间的脉冲响应。我们把声源发出的声音经过 n 次界面反射所生成的虚声源称为第 n 阶虚声源。房间界面越复杂，生成的同阶虚声源就越多。计算虚声源对受声点的贡献还要依赖于可视性判定，另外，随着虚声源阶数的上升，虚声源的数目存在指数增长的特性，于是完全使用虚声源法的计算量往往很大。虚声源法常与声线追踪法相结合，以降低计算量。

声线追踪法可以处理更为复杂的界面反射。当声源发声时，声能被看作由声源发出的声线（声射线）所携带，声线以声速在空间中直线传播；传播的过程中除了受到空气的衰减以外，单根声线携带的能量不衰减；计算机追踪声线的传播路径，当声线遇到房间界面时，根据界面的反射特性，声线被反射到新的方向，声线甚至可以被分裂成若干新的声线，进一步被追踪，形成所谓分布式声线追踪。对于常规的声线追踪法，由于声线是没有截面面积的射线，受声点就必须用有限体积的空间区域来模拟，例如以受声点为球心的球形空间区域，经过此区域的声线被认为对受声点有声能的贡献。比起虚声源法，声线追踪法无须进行可视性判定。有一些其他算法可以看作声线追踪法的变形，例如锥体追踪、粒子追踪法等[6]。锥体追踪法的特点是携带点声源发出的声能不再是声射线，而是有一定立体角的锥体。在传播过程中，锥体的截面随距离不断增大，这样声传播过程中波振面不断扩大的现象就可以被模拟，单个声锥体所携带的声能密度可以随传播的距离而衰减。由于锥体具有截面，被锥体截面扫过的受声点将会得到该锥体的声能贡献，此时受声点为抽象的没有大小的点，不需要用有限体积的空间区域来代替。

一般来说，声线追踪法非常适合模拟声音在房间界面上发生镜面反射。虽然比起虚声源法，声线追踪法还可以进行更复杂界面（例如具有扩散反射特性的界面）反射的仿真，但是有局限性。常用的方法是扩散反射的声线方向按照界面的扩散特性进行随机选择。但是这样得到的脉冲响应是不稳定的，当用这种方法来处理早期强反射声时，在相同条件下进行两次仿真所得到的脉冲响应可能会有显著的差异。例如，以声线追踪法为主要算法的室内声场仿真软件ODEON 定义了一个转换阶次，只有反射声经历的界面反射次数大于该阶次以后，才利用声线追踪法来模拟界面扩散反射的效果；而对于经历的界面反射次数小于该转换阶次的早期反射声，只考虑镜面反射，以避免在同样条件下仿真得到的脉冲响应的早期反射声存在明显差异。另外，扩散反射把入射声能向更大的立体角，甚至是入射界面上方的整个半空间反射，这个特性也是一般的声线追踪法难以胜任的。分布式声线追踪法在具有扩散反射界面处对入射声线进行分裂，用多个方向的反射声线来模拟这一特性，但也面临计算量指数增长的困难。

辐射度模型 (Radiosity Model) 又称为辐射平衡 (Radiation Balance)、辐射交换 (Radiation Exchange，Radiant Interchange)，最初是在 19 世纪研究简单装置辐射换热问题中发展起来的，并随着计算机计算能力的迅速发展而被广泛应用到计算机图形学与照明仿真中[7-10]。20 世纪 80 年代，这个方法被 Moore 等人引入厅堂声学分析中[11]，并引起学术界持续的研究兴趣[12-13]。辐射度模型本质上是一个真正的声线追踪法[14]，它克服了一般声线追踪中声线在传播时不能满足能量按距离平方衰减的不足。这个方法最重要的特点就是能够很好地模拟界面扩散反射的特性。声学辐射度模型作为一个典型的理论模型，长期以来的相关研究主要集中在使用该模型来探讨各种空间的声学特性[15-19]，以及拓展该模型以处理更多的房间界面反射模式[20-24]。

相比于虚声源法、声线追踪法等算法 (或者计算机图形学等领域中的虚光源法、光线追踪法)，辐射度模型另一个重要的特点是采用了房间边界积分方程来描述房间界面各点间的能量交换关系。这使得该模型在数学形式上更加完备，令积分方程论等更系统化的数学工具有可能用于模型研究。从算法发展的历史来看，计算机图形学中的渲染方程法是辐射度模型的推广[25]。在计算机图形学的渲染方程法中加入时间因子，从而引入到几何声学的声学渲染方程法[26]，是当前室内高频声场仿真中最前沿的算法。它采用界面双向反射函数与房间边界积分方程，全面描述房间界面反射特性与能量交换关系，因其理论上的完备性，代表了仿真算法的重要发展方向。实际上，声学渲染方程法是这些主流仿真模型的一般形式。若将不同的界面反射特性代入声学渲染方程，就可以得到虚声源法、声线追踪法、辐射度模型等各类仿真模型。另外，前人鲜有论及而作者认为尤须指出的是：这类建立在房间声能边界方程之上的仿真算法，不但具有重要的理论意义，而且对建筑声学辅助设计具有独特优势。这是因为它们的工作方式是直接对房间界面声能进行求解，而建筑声学设计的一个重要手段就是对房间界面声能进行吸收或反射的处理。这类算法的求解过程与结果，非常便于对房间界面声能的分析 (包括可视化)。

广义声学辐射度模型 (Generalized Acoustical Radiosity Model) 是作者对声学辐射度模型的推广，该推广介于声学辐射度模型与声学渲染方程法之间。作者在前人工作的基础上，对声学辐射度模型与广义声学辐射度模型给出了更完备的定义，特别是对边界条件给出了数学上完善的描述[27-28]。

从本质上看，在声学辐射度模型中，房间界面进行与入射声方向无关的理想扩散反射；在声学渲染方程法中，房间界面反射声能的空间分布与声能入射方向有关；而在广义声学辐射度模型中，房间界面反射声能的空间分布与声能入射方向无关，但不要求必须满足某个特定的空间分布。可见，声学辐射度模型是广义声学辐射度模型的一个特例；而广义声学辐射度模型是声学渲染方程法的一个特例，且成为声学辐射度模型相关理论向声学渲染方程法演进的一座重要桥梁。

1.2 声学辐射度模型

1.2.1 声学辐射度模型基本形式

Kuttruff 的 *Room Acoustics*[29] 等文献所描述的界面扩散反射的边界积分方程本质上就是声学辐射度方程。声学辐射度模型即为对声学辐射度方程的数值求解方法，作为一种计算机算法，包含了如何划分房间界面、如何加速计算形式因子、如何加速收敛等丰富内涵，计算目的往往在于得到声源与受声点之间的脉冲响应[13]。

在声学辐射度模型中，房间的界面被划分为若干个接收与反射声能的面元。每个面元在接收到来自环境中的声能后向外辐射，声能就在房间界面面元之间相互交换并被房间界面与房间中的空气所衰减。经典辐射度模型假定界面面元向外发射声能时遵循朗伯余弦定律，这样一来，面元 i 向外辐射的能量中到达另一面元 j 的比例是固定的。这个比例被称为形式因子 (form factor) F_{ij}，由面元 i, j 之间的几何关系决定。在辐射换热的文献中，形式因子也称为角系数 (radiative angle factor)[30]。

图 1.2 为声学辐射度模型示意。点声源发出一个脉冲声后，根据声源对每个面元形成的空间立体角、可视性以及声源的指向性，给各个面元分配声能，每个面元接受到的声能按其与声源的距离不同而不同程度地延时。随着声能在各个面元之间交换并被衰减，每个面元上形成一个声学辐射度的时间序列，Lewers 称之为该面元的"平面响应" (plane response)[20]。

房间中受声点接收到的声能包括来自声源的直达声与来自房间界面的反射声，后者就是各个房间界面面元为受声点提供的声能。根据受声点与各面元的几何关系，利用平面响应可以计算出受声点处脉冲响应中界面反射声的贡献，再加上声源直达声的贡献，就可以得到受声点处的脉冲响应。

声学辐射度模型的运算量是非常巨大的，判定何时结束声学辐射度运算是一个重要的问题。迄今为止，前人基本上采用考察运算过程中系统剩余能量的方法来决定结束运算的时间。在本书中，这类判据被称为能量判据。例如，

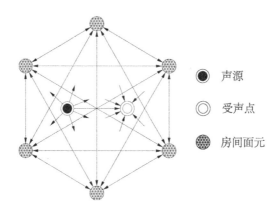

图 1.2　声学辐射度模型示意

Kang 在他的辐射度仿真运算中[15-16,31]，跟踪系统剩余能量是否已经衰变到初始值的 10^{-6} 以下，以之作为结束辐射度运算的判据。Nosal 等人利用经典公式来估计房间的混响时间[13]，并根据这个估计值来决定平面响应需要计算的长度。所谓混响时间就是稳态声能衰变 60 dB 所需要的时间。从本质来说，这仍然是基于能量考虑的一种判据 (要注意区分两个时间概念，一是声学辐射度运算需要计算的平面响应的时间长度，二是计算这么长的平面响应所需要花费的时间)。

1.2.2　声学辐射度模型拓展

经典的声学辐射度模型假定房间界面是完全扩散反射的，但房间界面反射模式往往不满足这个假定。为了更准确地模拟室内声场，前人尝试把声学辐射度模型与描述镜面反射的算法结合起来，甚至有学者把某些低频声场的特性融合进来，描述衍射等波动效应。下面简单列举几类拓展方式的例子。

(1) 声学辐射度模型结合声锥体追踪法

Lewers 提出了一个声锥体追踪法和声学辐射度模型结合的室内声场仿真算法[20]。这是室内声学仿真领域中最早把辐射度模型与其他方法相结合的算法。在这个算法中，声锥体追踪法用来计算房间界面镜面反射对受声点处脉冲响应的贡献，而辐射度模型则处理界面扩散反射对脉冲响应的作用。

房间界面被划分为若干面元。声源发出脉冲声后开始进行声锥体追踪，当声锥体碰撞到房间界面时，界面根据声锥体中轴线碰撞的界面面元吸声系数对其携带的声能进行吸收，剩余能量被界面反射。根据界面面元的扩散反射系数，反射声能分为两个部分：一部分被声锥体携带进行镜面反射而被继续追踪；另一部分被记录为该界面面元上的扩散反射声能。随着声锥体不断被追踪，其携带的能量不断被吸收并转化为界面面元的扩散反射声能，使每个界面面元形成初始声能序列。另外，要在追踪过程中记录声锥体对受声点的能量贡献。

在声锥体追踪过程结束后，辐射度模型开始计算，即在界面面元之间对扩散反射声能进行交换，形成面元的平面响应。辐射度运算结束后，把所有界面面元的平面响应对受声点的贡献叠加到声锥体对其的贡献上，便可以得到受声点处的脉冲响应。

事实上，镜面反射与扩散反射之间会互相转化，故在房间界面上会存在 4 种声能转化的情况：

①　"镜面–镜面"（specular-specular），代表声能在房间界面上不断进行镜面反射。

②　"镜面–扩散"（specular-diffuse），来自镜面反射的声能进一步被房间界面扩散反射。

③　"扩散–扩散"（diffuse-diffuse），来自房间界面扩散反射的声能进一步被房间界面扩散反射。

④　"扩散–镜面"（diffuse-specular），来自房间界面扩散反射的声能进一步被房间界面镜面反射。

可以看出，Lewers 的模型只包含了上述 4 种声能转化情况的前 3 种，第 4 种没有被包含在内，即来自扩散反射的声能被界面进行镜面反射的情况没有体现。如果扩散反射的声能被扩散反射系数不是很大 (比如小于 0.5) 的界面进一步反射，则第 4 种情况是将要发生的主要情况。这就说明了该算法存在不完善之处。

(2) 声学辐射度模型结合虚声源法

为了在房间声学仿真中体现上述第 4 种情况，即"扩散 – 镜面"，有人把声学辐射度模型和虚声源法相结合: 把某个面元 i 发出的扩散声能被镜面反射而传递到面元 j 的部分看作面元 i 形成的虚声源 (由镜面反射所形成) 对面元 j 的贡献。Korany 等人根据这个思路提出了一个扩展的声学辐射度模型[21]，把面元 i 通过"扩散 – 镜面"方式到达面元 j 的声能部分及其发出的扩散声能的比例与延时的关系，用面元 i 对面元 j 形成的高阶形式因子来表示。

面元 i 的某个 k 阶虚像对面元 j 的 k 阶形式因子为:

$$HOF_{ij,k}(t) = F_{ij,k} \cdot \prod_{id=1}^{k} (1 - \alpha_{s(id)}) \cdot (1 - d_{s(id)}) \cdot \delta\left(t - \frac{R_{ij,id}}{c} + \frac{R_{ij}}{c}\right)$$

其中，$F_{ij,k}$ 为面元 i 的 k 阶虚像对面元 j 形成的原始意义上的形式因子; $\alpha_{s(id)}$, $d_{s(id)}$ 为反射过程中经历的序号为 id 的界面吸声与扩散系数; $\delta(t - \frac{R_{ij,id}}{c} + \frac{R_{ij}}{c})$ 则表示 k 阶虚像对面元 i 本身发出的声能对面元 j 的延时。把所有的面元 i 的虚像形成的高阶形式因子加在一起，就得到了面元 i 对 j 的高阶形式因子:

$$HOF_{ij}(t) = \sum_{n=1}^{N} F_{ij,k_n}(n) \cdot \delta\left(t - \frac{R_{ij,k_n(n)}}{c} + \frac{R_{ij}}{c}\right) \prod_{id=1}^{k_n} (1 - a_{s(id)}) \cdot (1 - d_{s(id)})$$

其中，$F_{ij,k_n}(n)$ 为面元 i 的第 n 个 k 阶虚像对面元 j 形成的原始意义上的形式因子; N 为面元 i 可以被面元 j 听到的虚像的总数，原则上 N 是无穷大的。对于面元形成的虚声源也存在一个可视性判定的问题。在上述高阶形式因子的基础上，声音的第 4 种反射方式"扩散 – 镜面"就得到了体现。

这个扩展的声学辐射度模型在理论上更加完备，但是它所需要的计算量实在是太大了，远远超过普通虚声源法（本身就是计算量极大的方法）所要求的计算量，高阶形式因子的阶数更是难以达到很高。

8

(3) 声学辐射度模型的推广

通过对描述边界扩散反射的声场积分方程中的被积函数进行替换，Le Bot 将声学辐射度模型加以推广，使之能够描述界面的镜面反射[22]。只要在计算形式因子时，界面反射的规律可以使用明确的函数来描述，那么声学辐射度模型就可以进一步推广。事实上，计算机图形学中渲染方程法的出现已经使经典辐射度模型被大大地推广了[25]，例如"三点传输"算法[32-33]。

声学辐射度模型本质上是建立在几何声学基础上的，一个受声节点（例如界面面元与受声点）是否会接收到其他节点的辐射依赖于辐射节点的可见性。形式因子可用 $F'_{ij} = \delta F_{ij}$ 来表示，若辐射节点可见，则 $\delta = 1$，否则 $\delta = 0$，其中 F_{ij} 为面元 i, j 之间不考虑衍射时的形式因子。有人基于声衍射提出，即使可见性判定没有通过，由于衍射声的存在，δ 也不取 0，而是取区间 $(0,1]$ 内的一个数。这样一来，声学辐射度模型就可以进一步描述声衍射现象了。

总的来说，声学辐射度模型对界面具有扩散反射的模拟有其独特的优点，它克服了声线追踪法的一些不足之处。经典声学辐射度模型在处理界面扩散反射声能的空间分布上一般采用朗伯定律。事实上，辐射度模型可以被推广到描述更为一般的界面反射模式。这类研究工作在计算机图形学中已经相当深入，在声学中还不多见。

声学辐射度模型作为一种很有发展前景的计算机仿真方法，其相关基础理论研究及计算机算法研究还非常薄弱，值得深入开展。例如，如何优化界面划分、如何加速运算、计算精度应该如何控制，等等。

第 2 章　声学辐射度模型原理与实现

本章把时间因子引入计算机图形学中的"渲染方程"，给出了可以应用于室内声学仿真的"与时间相关的渲染方程"。利用不同的双向反射函数，可以从与时间相关的渲染方程中推导出描述界面理想扩散反射、界面镜面反射的声学辐射度方程，以及描述一般界面反射模式的辐射度方程。引入与时间相关的渲染方程，一方面可以为经典的声学辐射度模型建立更广阔的背景，另一方面有利于把计算机图形学的相关成果应用到声学仿真中。

本章对声学辐射度模型的计算机算法进行了探讨，比较了稳态问题（与时间无关的）和瞬态问题（与时间相关）的算法特点。本章对与时间相关的声学辐射度模型的并行实现也进行了初步的探讨，比较了 3 种并行实现方式，"Gathering"（收集）、"Shooting"（发射）与"Shooting-2"（发射-2）。实践表明，"Gathering"和"Shooting-2"具有良好的并行性，有利于提高运算速度，而"Shooting"则不然。声学辐射度模型并行实现的特点可以表述为：在时间上串行，在空间上并行。正因为在时间上的串行性，同步化问题是影响并行计算效率的主要因素。

2.1　声学渲染方程

Kajiya 在 1986 年首先提出计算机图形学中的渲染方程[25]。渲染方程是计算机图形学中发展出来的描述光能在环境中平衡与运动的基础方程。渲染方程可描述光线在界面的任意反射模式，辐射度方程只是渲染方程的特殊形式。

在计算机图形学中，渲染方程与时间无关（即描述稳态现象）。声学中不单要研究稳态现象，也要研究瞬态现象，即与时间相关的现象。有学者通过引入时间因子，给出了可应用于室内声学仿真的与时间相关的声学渲染方程。作者在 2006 年的博士论文中做了这一工作[34]。Siltanen 等人于 2007 年发表了他们的室内声学渲染方程[26]。这里先给出声学渲染方程，并从它出发来介绍声学辐射度模型的原理。

图 2.1 为声学渲染方程示意，其中涉及的一些参量介绍如下。

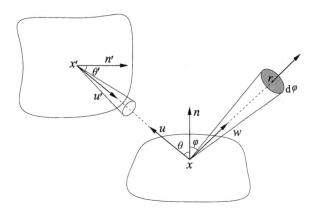

图 2.1 声学渲染方程示意

设 S 为一个房间边界，由若干连续有界的 3 维曲面（或 2 维曲线）构成。令 $\rho(x)$ 为房间界面上点 x 处面元的反射系数，定义为入射到该点处的声能引起的反射声能的比率。

$\boldsymbol{n}, \boldsymbol{n}'$ 分别为点 x, x' 处房间界面的内法线。

$\boldsymbol{w}$ 为从点 x 出发的任意一个单位向量。

$\boldsymbol{u}'$ 为从点 x' 出发指向点 x 的单位向量。

$\boldsymbol{u} = -\boldsymbol{u}'$ 为从点 x 指向点 x' 的单位向量。

$R_{xx'} = R_{x'x}$ 为点 x 与 x' 之间的距离。

θ' 为点 x' 处的内法线 $\boldsymbol{n}'$ 与向量 $\boldsymbol{u}'$ 的夹角。

θ 为点 x 处的内法线 $\boldsymbol{n}$ 与向量 $\boldsymbol{u}$ 的夹角。

φ 为点 x 处的内法线 $\boldsymbol{n}$ 与向量 $\boldsymbol{w}$ 的夹角。

$v_{xx'}$ 为可视性函数。如果 x 与 x' 之间没有遮挡且 $\theta < \pi/2$，则 $v_{xx'} = 1$；否则 $v_{xx'} = 0$。

t 为时间。

c 为能量传播的速度，在声学中代表声速。

定义 2.1：(i) 辐射度 $J(x, \boldsymbol{w}, t)$：在 t 时刻点 x 处单位投影面积向 $\boldsymbol{w}$ 方向的单位立体角中辐射的声功率。这里的辐射指的是由入射声引起的反射。

(ii) 辐照度 $E(x, \boldsymbol{u}, t)$：在 t 时刻点 x 处单位面积上从 $\boldsymbol{u}$ 方向入射的声功率。

(iii) 反射分布函数 $\rho(x, \boldsymbol{u}, \boldsymbol{w})$：设 $\mathrm{d}E(x, \boldsymbol{u}, t)$ 为从 $\boldsymbol{u}$ 方向立体角微元中入射到点 x 处的辐照度微元，$\mathrm{d}L(x, \boldsymbol{w}, t)$ 为 $\mathrm{d}E(x, \boldsymbol{u}, t)$ 引起的 $\boldsymbol{w}$ 方向的辐射度微元，则 $\rho(x, \boldsymbol{u}, \boldsymbol{w}) = \mathrm{d}J(x, \boldsymbol{w}, t)/\mathrm{d}E(x, \boldsymbol{u}, t)$。

取点 x 处的面积微元 $\mathrm{d}s$ 与点 x' 处的面积微元 $\mathrm{d}s'$，则从点 x' 处面元 $\mathrm{d}s'$ 入射到点 x 处的辐照度微元为：

$$
\begin{aligned}
\mathrm{d}E(x, \boldsymbol{u}, t) & = \frac{J(x', \boldsymbol{u}', t - R_{xx'}/c) \cos\theta' \mathrm{d}s' \mathrm{d}u'}{\mathrm{d}s} \cdot v_{xx'} \\
& = \frac{J(x', \boldsymbol{u}', t - R_{xx'}/c) \cos\theta \cos\theta' \mathrm{d}s'}{R_{xx'}^{\epsilon}} \cdot v_{xx'}
\end{aligned}
\tag{2.1}
$$

其中，ϵ 为空间维度减 1，即对于 2 维与 3 维空间，分别有 $\epsilon = 1$ 与 $\epsilon = 2$；$\mathrm{d}u' = \cos\theta \mathrm{d}s / R_{xx'}^{\epsilon}$ 为点 x 处面元 $\mathrm{d}s$ 对点 x' 形成的立体角微元。

通过对整个界面 S 的积分，得到如下的声学渲染方程：

$$
\begin{aligned}
J(x, \boldsymbol{w}, t) & = \int_{\mathrm{S}} \mathrm{d}J(x, \boldsymbol{u}, t) + J_d(x, \boldsymbol{w}, t) \\
& = \int_{\mathrm{S}} \rho(x, \boldsymbol{u}, \boldsymbol{w}) \mathrm{d}E(x, \boldsymbol{u}, t) + J_d(x, \boldsymbol{w}, t) \\
& = \int_{\mathrm{S}} \rho(x, \boldsymbol{u}, \boldsymbol{w}) J(x', \boldsymbol{u}', t - R_{xx'}/c) \frac{\cos\theta \cos\theta'}{R_{xx'}^{\epsilon}} v_{xx'} \mathrm{d}s' + J_d(x, \boldsymbol{w}, t)
\end{aligned}
\tag{2.2}
$$

其中，$J_d(x, \boldsymbol{w}, t)$ 为来自声源而非其他界面面元的贡献。

通过选择适当的双向反射函数，就可以描述各种界面反射形式。例如，假设点 x 处的界面微元 $\mathrm{d}s$ 是理想镜面反射，反射系数为 $\rho(x)$。

从图 2.1 中容易得到，向量 $\boldsymbol{v} = 2\boldsymbol{n}\cos\varphi - \boldsymbol{w}$ 为 $\boldsymbol{w}$ 在点 x 的镜面反射方向的单位向量。由于点 x 的界面镜面反射，于是只有 $\boldsymbol{v}$ 方向立体角微元 $\mathrm{d}\boldsymbol{v}$ 中入射的辐照度才能形成 $\boldsymbol{w}$ 方向的辐射度。

从立体角微元 d$\boldsymbol{v}$ 中入射而来的声功率 d$P(x,t) = dE(x, \boldsymbol{v}, t) \cdot ds$，将被投影面积 $\cos\varphi$ds 以 $\rho(x)$d$P(x,t)$ 反射到 $\boldsymbol{w} = \boldsymbol{v}$ 方向的立体角 d$\boldsymbol{w} = d\boldsymbol{v}$ 中，形成的辐射度微元为：

$$\mathrm{d}J(x, \boldsymbol{w}, t) = \frac{\rho(x)\mathrm{d}E(x, \boldsymbol{v}, t)\mathrm{d}s}{\cos\varphi\mathrm{d}s\mathrm{d}\boldsymbol{v}} = \frac{\rho(x)}{\cos\varphi\mathrm{d}\boldsymbol{v}}\mathrm{d}E(x, \boldsymbol{v}, t) \tag{2.3}$$

于是，点 x 处的双向反射函数可以描述如下：

$$\rho(x, \boldsymbol{u}, \boldsymbol{w}) = \frac{\rho(x)\delta(\boldsymbol{u} - \boldsymbol{v})}{\cos\varphi} \tag{2.4}$$

其中，$\delta(*)$ 为狄拉克（Dirac）函数。

2.2 经典声学辐射度模型

2.2.1 声学辐射度方程

经典的声学辐射度模型建立了如图 2.2 所示的这样一种基于几何声学的声场模型，整个界面 S 满足以下两个约定。

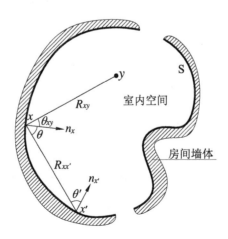

图 2.2 声学辐射度模型

13

① 反射模式与入射方向无关，即有：

$$\rho(x, \boldsymbol{u}, \boldsymbol{w}) = \rho(x, \boldsymbol{w}) = \rho(x, \boldsymbol{n}) \tag{2.5}$$

其中，$\rho(x, \boldsymbol{w})$ 为所有或任意方向入射到点 x 的单位辐照度率引起的 $\boldsymbol{w}$ 方向的辐射度 $J(x, \boldsymbol{w}, t)$。

② 任意点的辐射度与方向无关，即满足朗伯余弦扩散（或称理想扩散）：

$$J(x, \boldsymbol{w}, t) = J(x, \boldsymbol{n}, t) \tag{2.6}$$

按上述约定，可以在房间界面上任意一点 x 处定义反射系数 $\rho(x)$，表示点 x 处反射声功率与引起它的入射声功率的比值。定义声学辐射度如下。

定义 2.2：在声学辐射度模型中，辐射度 $B(x, t)$ 为 t 时刻点 x 处单位面元向其内法线所指的半空间辐射的声功率；或者为 t 时刻点 x 处单位面元上的入射声功率。

上述两种辐射度 $B(x, t)$ 的定义在文献中均有出现，在不同应用场合下形成在物理意义上等价的两种声学辐射度方程。根据前一种定义，点 x 处的辐射度 $B(x, t)$ 为：

$$\begin{aligned} B(x, t) &= \int_{\Omega} J(x, \boldsymbol{w}, t) \cos\varphi \mathrm{d}\Omega \\ &= J(x, \boldsymbol{n}, t) \int_{\Omega} \cos\varphi \mathrm{d}\Omega_{\varphi} = \nu J(x, \boldsymbol{n}, t) \end{aligned} \tag{2.7}$$

其中，Ω 为半空间的立体角，$\mathrm{d}\Omega$ 为 $\boldsymbol{w}$ 方向的立体角微元，$\mathrm{d}\Omega_{\varphi}$ 为与内法线之间夹角为 φ 的立体角微元，常数 $\nu = \int_{\Omega} \cos\varphi \mathrm{d}\Omega_{\varphi}$。对于 2 维与 3 维空间，分别有 $\nu = 2$ 与 $\nu = \pi$。

假设在式 (2.7) 中的辐射度是由 t 时刻点 x 处某个方向入射的单位辐照度

引起的，考虑该处的单位面积面元，则有 $B(x,t) = \rho(x)$，且有：

$$\rho(x) = \int_\Omega \rho(x,\boldsymbol{w}) \cos\varphi \mathrm{d}\Omega = \rho(x,\boldsymbol{n}) \int_\Omega \cos\varphi \mathrm{d}\Omega_\varphi = \nu\rho(x,\boldsymbol{n}) \tag{2.8}$$

将式 (2.5) ~ (2.8) 代入式 (2.2)，则得到如下声学辐射度方程：

$$B(x,t) = \int_S \rho(x)k(x,x')B(x',t - R_{xx'}/c)v_{xx'}\mathrm{d}s' + B_d(x,t) \tag{2.9}$$

其中，

$$k(x,x') = k(x',x) = \frac{\cos\theta\cos\theta'}{\nu R_{xx'}^\epsilon} \tag{2.10}$$

$$B_d(x,t) = \nu J_d(x,\boldsymbol{w},t) = \nu J_d(x,\boldsymbol{n},t) \tag{2.11}$$

$k(x,x')$ 的物理意义为点 x' 处单位面元出发辐射的声能量中到达点 x 处单位面元上的比率。

$B_d(x,t) \geq 0$ 是声源引起的系统初始激励。实际中的激励一般可以看作是 $x \in S$ 与 $t \in \mathbb{R}$ 上的连续 (至少是分段连续) 函数，在时间与幅度上有限。设 T_s 与 T_e 分别为初始激励的开始与结束时刻，其中 $-\infty < T_s < T_e < +\infty$。设 $B_d(x,t) \equiv 0, t \in (-\infty,T_s) \bigcup (T_e,+\infty)$；并且 $B_d(x,t) \leq B_u, t \in [T_s,T_e]$，其中 B_u 是一个常数。

式 (2.9) 的物理意义非常清晰: t 时刻界面上任意点 x 处单位面元向外辐射的声功率等于对来自其他面元辐射声以及声源直达声辐射的反射，满足能量守恒定律。辐射度方程描述了一个因果系统，该系统由房间界面的几何与声学特性所决定，这两种特性分别由 $k(x,x')$ 与 $\rho(x)$ 来描述，声源激励产生的初始激励 $B_d(x,t)$ 是系统的输入，辐射度 $B(x,t)$ 则是给定源辐射时系统的输出。

由声学辐射度的另一定义，可给出等价的声学辐射度方程：

$$B(x,t) = \int_S \rho(x')k(x,x')B(x',t - R_{xx'}/c)\mathrm{d}s' + B_d(x,t) \tag{2.12}$$

其中，$B(x,t)$ 为辐射度的另一种定义，即 t 时刻点 x 处单位面元上的入射声功率，这时源辐射 $B_d(x,t)$ 相应为声源的直达声功率入射。

接下去将对房间界面特性进行更系统的讨论与约定，其中约定 S 上任意点 x 的反射系数 $\rho(x) > 0$。

如果分别用 $B_1(x,t)$ 与 $B_2(x,t)$ 来表示式 (2.9) 与 (2.12) 中的 $B(x,t)$，则有关系：

$$B_1(x,t) = \rho(x)B_2(x,t) \quad \text{或} \quad B_2(x,t) = B_1(x,t)/\rho(x) \tag{2.13}$$

利用这一关系也可以直接从式 (2.9) 导出式 (2.12)，反之亦然。

注记 2.3：由于这两个声学辐射度模型的等价性，我们在后面的章节中主要采用式 (2.12) 来研究声学辐射度模型。

在给定的初始激励下，声学辐射度模型仿真的关键是求解房间界面上的声学辐射度。对于房间声场中的任一受声点 y，位于房间界面 S 上点 x 处的面元 ds 上的辐射度沿着从 x 到 y 的方向，以效率 $\eta(y,x)$ 为 y 点处贡献声强 $\mathrm{d}I(x,y,t)$：

$$\begin{aligned}
\mathrm{d}I(x,y,t) &= B(x,t-R_{xy}/c) \cdot \eta(y,x) \cdot \mathrm{d}s \tag{2.14} \\
\eta(y,x) \cdot \mathrm{d}s &= \frac{\rho(x)\cos\theta_{xy}v_{xy}}{\nu R_{xy}^\epsilon} \cdot \mathrm{d}s \\
&= \frac{\rho(x)v_{xy}}{\nu}\mathrm{d}\Omega \tag{2.15}
\end{aligned}$$

其中，当 x 和 y 被房间墙体遮挡时，可视性 $v_{xy} = 0$，否则 $v_{xy} = 1$；$\mathrm{d}\Omega$ 为 ds 对 y 点所张的角度 (2 维) 或立体角 (3 维)。

点 y 处的声能密度为：

$$E(y,t) = E_r(y,t) + E_d(y,t) = \frac{1}{c}\int_{\mathrm{S}}\mathrm{d}I(x,y,t) + E_d(y,t) \tag{2.16}$$

其中，$E_r(y,t)$ 为混响声能，$E_d(y,t)$ 为声源直达声的贡献。

注记 2.4：这里的声学辐射度模型没有显性表示媒质吸收的影响，其原因将在第 4.6 节给出。

2.2.2　房间界面的约定

为了分析的简化与严谨，对房间界面进行如下约定。在前人的研究中，有些约定也许没有被严谨地申明，有些或许仅仅被暗示为理所当然的前提条件。我们将可以看到，这些约定实际上并没有弱化声学辐射度模型。

(1) 连续性与闭点集

房间界面 S 由有限个连续 3 维有界曲面构成，每个曲面若不封闭，则包含其边界线 (或者，S 由有限条有限长度的曲线构成，每条曲线若不封闭，则包含其端点)。于是，S 是一个闭点集，其上任何连续函数有界。注意，这里并不要求 S 必须形成封闭空间。例如，S 如图 2.2 中的几条曲线（或曲面）。我们规定反射系数是 S 上的连续函数。例如，若存在界面上邻近的两个区域，其上各有不同的单一的反射系数值，我们总可以假定在两者之间存在一个或许足够窄小的过渡区域，反射系数在其上从一个值连续变化到另外一个。

(2) 反射性

S 由反射的点所构成。换言之，S 不包含零反射性的点或者开口。事实上，相比于自由声场，室内声场的本质在于房间界面的存在提供了反射声。如果某房间界面上某区域的反射系数为 0，则对室内声场而言，此区域相当于一个"开口"。在这个意义上，我们约定房间界面 S 由反射系数大于 0 的点或面元所组成，即 S 上不包含反射系数为 0 的点。当然，不反射区域对于其他点的可视性遮挡仍可能存在。尽管声学辐射度模型的一些其他描述将开口也处理为 S 的一部分，此处的约定可以为声场分析消除数学上不必要的繁琐。根据前述第 1 项约定，必然存在一个反射系数的下确界 ρ_l，使得 $0 < \rho_l \leq \rho(x) \leq 1, \forall x \in S$。

(3) 有限尺度

房间界面 S 具有有限的尺度。换言之，界面上任意两点间距离存在一个上确界 R_u，使得 $0 \le R_{xx'} \le R_u < +\infty$，$\forall x$，$x' \in S$。

(4) 有限弯曲

我们限定房间界面 S 只有有限的弯曲。换言之，S 处处光滑。在此约定下，$k(x,x')$ 是一个定义在闭集 $S \times S$ 上的连续函数，于是必然存在一个上确界 k_u，使得 $k(x,x') \le k_u$，$\forall x$，$x' \in S$。

我们使用一个例子来说明这项约定。如图 2.3(a) 所示，设一个 2 维的边界 S 由两条相交在点 x_0 的直线段构成。显然，S 在点 x_0 处的曲率半径为 $r = 0$，具有一个无穷大的弯曲。假设一条直线与 S 相交于点 x 与 x'，与 S 的内法线夹角分别为 θ 与 θ'。当该直线沿着箭头所示方向平移且无限接近点 x_0 时，可以看出 $k(x,x') \to +\infty$，因为 $R_{xx'} \to 0$ 且 θ 与 θ' 保持不变。事实上，在这个例子中，S 在 x_0 处不存在内法线。然而，在声学辐射度模型中，往往默认 S 在其上各点处均存在内法线，即 S 是光滑的。

作为对比，图 2.3(b) 中粗曲线所示的 S 是一个半径为 $R > 0$ 的 2 维圆或 3 维球体的一个部分。对于 S 上的任意两点 $x \ne x'$，有 $\theta = \theta'$ 及 $R_{xx'} = 2R\cos\theta$ 成立。我们容易得到 $k(x,x') \le \frac{1}{\nu(2R)^{\epsilon}}$。

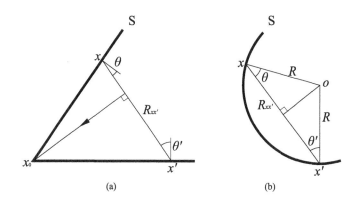

图 2.3　有限弯曲示例

有两点应该指出: 首先, 在物理世界中, 在由真实材料构成的房间界面上, 并不存在数学抽象的零面积或零宽度的顶点或交线, 以至于产生无限弯曲, 本项约定并不会弱化声学辐射度模型的实用性与一般性; 其次, 在声学辐射度模型仿真中, $k(x, x')$ 总是被计算为有限大小的数值, 具有上确界。

(5) 连通性

连通性要求 S 上的所有点都通过声能交换连通在一起。具体而言, 对 S 上的任意两点 $x \neq x'$, 总存在一条声传播路径, 它由有限数量 $N = N(x, x')$ 的线段构成, 由点 x 发出的部分声能沿着该路径, 经过 $N(x, x') - 1$ 次的界面反射到达点 x'。换言之, 总可以找到一个点列 $\xi_j \in \text{S}$, $j = 0, 1, \cdots, N(x, x')$, 其中 $\xi_0 = x$, $\xi_N = x'$, 使得 $\prod_{j=1}^{N} k(\xi_{j-1}, \xi_j) > 0$。

2.3 声学辐射度模型计算机实现

除了极少数情况, 辐射度方程一般难以求得解析解, 需要进行计算机数值仿真。稳态声源激励形成的、与时间无关的稳态辐射度模型声场仿真, 其实与计算机图形学仿真别无二致, 相关文献繁多。这里主要探讨瞬态的 (即与时间相关的) 声学辐射度模型的计算机实现。

2.3.1 声学辐射度方程的离散化与基本求解

对方程 (2.9) 进行数值求解, 需要对房间界面与时间进行离散化。设房间界面被划分为 N 个平面面元 ΔS_j, $j = 1, 2, \cdots, N$。时间也被离散化为长度相等的相继的时间间隔 $\Delta t_n = \Delta t$, $n = 0, 1, 2, \cdots, L$ (不失一般性, 这里假设代表声源激励的源辐射在 $t \geq 0$ 时有非零的系统输入), L 为选择的平面响应的长度。令面元 j 在时间间隔 n 上的 (离散) 辐射度为其上的辐射度均值:

$$B(j, n) = \frac{1}{\Delta t \cdot \Delta \text{S}_j} \int_{\Delta t_n} \int_{\Delta \text{S}_j} B(x, t) \mathrm{d}s \mathrm{d}t \qquad (2.17)$$

19

式 (2.9) 可以写为:

$$B(x,t) = \sum_{i=1}^{N} \int_{\Delta S_i} \rho(x)k(x,x')B(x',t - R_{xx'}/c)\mathrm{d}s' + B_d(x,t) \tag{2.18}$$

把上式代入式 (2.17)，并假设面元很小，以至于每个面元上各点反射系数与辐射度可以用面元均值来代替，位于两个面元上的两点间的距离也可以用面元形心间的距离代替，于是得到式 (2.9) 的离散形式:

$$B(j,n) = \rho_j \sum_{i=1}^{N} F_{ji}B(i, n - [R_{ji}/c]) + B_d(j,n) \tag{2.19}$$

其中，ρ_j 为面元 j 上的反射系数均值，R_{ji} 为面元 i 与 j 形心间的距离，$[*]$ 为取整函数，

$$B_d(j,n) = \frac{1}{\Delta t \cdot \Delta S_j} \int_{\Delta t_n} \int_{\Delta S_j} B_d(x,t)\mathrm{d}s\mathrm{d}t \tag{2.20}$$

为面元 j 上的 (离散) 源辐射，

$$F_{ji} = \frac{1}{\Delta S_j} \int_{\Delta S_j} \int_{\Delta S_i} k(x,x')\mathrm{d}s'\mathrm{d}s \tag{2.21}$$

为面元 i 对 j 的形式因子，表示面元 i 辐射的能量中到达面元 j 的部分所占的比例。显然有如下关系成立: $\Delta S_j F_{ji} = \Delta S_i F_{ij}$ 且 $F_{jj} \equiv 0$。

式 (2.19) 的含义可以有两种理解方式，分别对应所谓 Gathering 与 Shooting 算法。在串行实现的情况下，两者是等价的。在计算中，先根据声源条件，计算各个面元的源辐射，然后进行 Gathering 或 Shooting 运算。

Gathering 从时间间隔 $n = 0$ 开始，计算任意面元 j 在时间间隔 $n \geq 0$ 的辐射度 $B(j,n)$。这可以通过向前收集 (Gathering) 其他所有界面面元 i 在时间间隔 $n - [R_{ji}/c]$ 上的辐射度 $B(i, n - [R_{ji}/c])$ 对面元 i 的贡献，再加上面元 j 上的源辐射而得到。其中 $B(i, n - [R_{ji}/c])$ 已经在时间间隔 $n - [R_{ji}/c] \geq 0$ 处计算完成，或者当 $n - [R_{ji}/c] < 0$ 时，$B(i, n - [R_{ji}/c]) = 0$。换言之，时间间

隔 n 上的辐射度值，是由时间间隔 $n-[R_u/c]$ 至 $n-1$ 上的辐射度值决定的，其中 R_u 是所有 R_{ji} 中的最大值。这是对式 (2.19) 的直接理解。

Shooting　从时间间隔 $n=0$ 开始，把所有面元 i 上的辐射度按照形式因子 F_{ji} 的比例，叠加到面元 j 在时间间隔 $n+[R_{ij}/c]$ 的辐射度上。这样按时间顺序，在每个时间间隔 n 上，把所有面元上的能量向后发射 (Shooting)，发射到 $n+1$ 至 $n+[R_u/c]$ 的时间间隔上。

取一个在 0 时刻发声的脉冲点声源，以之为例，求解步骤如下。

① 把界面划分为 N 个面元，对每个面元 i 维护一个浮点数列来记录辐射度的时间序列，$n=0,1,2,\cdots$，每一位对应面元 i 在时间间隔上的辐射度，并将其初始值设为 0。

② 对每个面元 i，按照其对声源的立体角与声源的指向性，分配声源提供的初始能量，并把它按照声源与面元的距离相应延时，存放在面元时间序列的相应位置上。

③ 从 $n=0$ 开始扫描每个面元 i 的辐射度序列，按照式 (2.19)，每个面元 i 上第 n 位的辐射度要加上其他面元点 j 的贡献，直到程序运行到某一位时间间隔上，根据某种判据运算终止。

④ 根据界面上的辐射度序列，即面元的平面响应，可以计算得到室内声场中任何一个受声点处的脉冲响应，并可根据需要进行空气吸收修正。

2.3.2　声学辐射度模型的并行实现

由于声学辐射度模型计算量巨大，故研究并行算法很有意义。计算机图形学中有很多针对辐射度模型的并行算法研究[35-39]，但是在声学辐射度模型中相关研究较少见。前文指出过，计算机图形学实际上是进行稳态光环境仿真计算，相当于进行稳态声源下声场的仿真。由于加法具有交换律，故而稳态声能的求解不需要按照声能贡献到达的先后顺序进行。这就是稳态问题与瞬态问题的不同之处。例如，Gathering 算法中，如果要对时间间隔 n 上的一个面元进行收集操作，则需要利用时间间隔 n 以前的一些数据，而它们必须已经计算得到了，即不同时间间隔上的操作不独立，必须按照时间前后顺序进行。并行性在于同一个时间间隔上对不同面元的收集运算是独立的。

简而言之，与时间相关的辐射度模型一般在空间上并行、在时间上串行。因此，稳态问题的并行算法难以直接应用在与时间相关的声学辐射度模型中。下文给出 3 种基本的并行实现方式，并结合算例比较了三者的效率。

Gathering　在每个时间间隔 n 上，每个面元的"收集"操作都是相互独立的，所以 N 个面元的操作可以并行进行。假定面元被大致平均地分配给 W 个工作线程，即每个工作线程负责大约 N/W 个面元的计算。主线程在每个时间间隔 n 上发送消息给工作线程，驱使工作线程并行完成收集操作，直至 n 到达 L。L 的值可以事先确定，也可以在计算过程中确定。工作线程的流程非常简单：在没有接收到消息之前，一直挂起，等待消息；在接收到消息之后，逐个对所负责的面元在当前时间间隔 n 上完成收集操作，然后发送消息给主线程报告任务完成，并继续挂起，等待消息。

图 2.4 给出了算法框图。框图中虚线左边为主线程的流程，右边为工作线程流程，框图中示意了两个并行的工作流程。连接主线程与工作线程框图之间

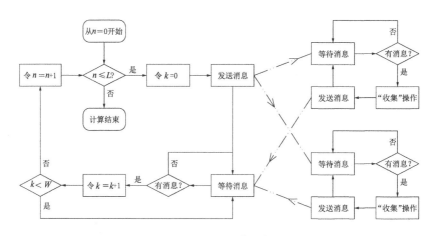

图 2.4　Gathering 算法框图

的虚线表示消息传递。框图中 k 表示主线程收到任务完成消息的工作线程数。值得注意的是，在工作线程进行"收集"操作时，只对提供辐射度贡献的面元数据进行读操作，不同工作线程对某个面元的读操作不需要同步化。

Shooting　Shooting 与 Gathering 算法并行实现的主线程是一样的，只是工作线程中的收集操作要改成发射操作。在时间间隔 n 上对某面元 i 进行发射操作时，要把它对另外某个面元 j 的贡献加到其 $n + [R_{ij}/c]$ 时间间隔上。在并行计算时，可能经常会有两个以上的线程同时对某一个面元的数据进行写操作。这时需要对写操作进行同步化。也就是说，当多个线程同时申请对某数据进行写操作时，只有一个线程能够得到许可并独占该数据资源，其他线程必须等待，直到独占资源的线程完成写操作后释放资源，另一个线程才能独占该数据资源并进行操作。同步化操作需要花费大量运算时间，所以 Shooting 比 Gathering 算法的并行性差，运算开销大。

Shooting-2　要加速 Shooting 算法，就需要避免上述同步问题。这里给出一个例子，称为 Shooting-2 算法，如图 2.5 所示。

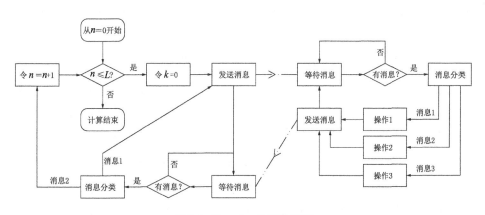

图 2.5　Shooting-2 算法框图

给每个工作线程分配一块独占的内存空间以存储一个矩阵，这个矩阵称为该线程的发射矩阵。矩阵的行数取面元总数 N，矩阵的第 i 行与面元 i 对应；

矩阵的列数可以取 $[R_u/c]$。另外，由于每个面元都维护了一个平面响应序列，故 N 个面元的平面响应序列可以看作一个矩阵。我们称其为房间的平面响应矩阵。该矩阵为 N 行矩阵，每行对应一个面元的平面响应序列。

每个工作线程在每个时间间隔 n 上进行发射操作前，先把其发射矩阵每一位设为 0。工作线程对其负责的每一个面元进行发射操作时，先把该面元对其他面元的辐射度贡献加在其发射矩阵的对应行上。由于发射矩阵为每个工作线程的独占内存空间，写操作不需要同步化。把工作线程完成发射操作后的发射矩阵加到房间平面响应矩阵上，就完成了当前时间间隔 n 上辐射度的运算。注意，这里的加要对齐位置，即，把发射矩阵的第 1 列加到平面响应矩阵的第 $n+1$ 列上，第 2 列加到平面响应矩阵的第 $n+2$ 列上，以此类推。另外，可以并行地把完成发射操作的工作线程的发射矩阵先两两相加，结果由其中一个工作线程保存，最后再加到平面响应矩阵上，不必将前者的发射矩阵同时加到平面响应矩阵上，以避免同步化。

在一个共享内存多处理器系统上对上述 3 种并行实现进行算例比较。选取 5 个房间: 房间 1 为一个 60 m×4 m×4 m 的长条形房间 (其中一维远大于其他两维)，界面在长、宽、高方向上被均匀划分为 $30 \times 3 \times 3$ 的网格，共有 378 个矩形界面面元。房间 2～4 为边长为 8 m 的立方体形房间，其边界分别被均匀划分为 150、216、384 个正方形面元。房间 5 为一个半径为 15 m 的球形房间，表面被划分为 320 个面积接近相同的正三角形面元。每个房间中心有一个点声源发出脉冲声。离散时间步长取为 1 ms。每个房间进行了平面响应长度为 3000 ms 的运算。表 2.1 列出了并行计算与单线程串行计算花费的时间。

表 2.1 显示，并行算法 Gathering 和 Shooting-2 花费的计算时间在所有房间中都低于单线程串行计算时间，而 Shooting 算法由于存在大量的同步化操作，效率却低于串行实现，即这个并行实现没有意义。有趣的是，Shooting-2 算法在所有房间中效率均高于 Gathering 算法，尽管 Shooting-2 算法在每步运算之前要多做一个把发射矩阵清零的运算。这可能是因为在 Shooting-2 算法中对发射矩阵操作时寻址的效率较高。Gathering 算法在所有房间中的加速比 (串行计算的时间除以并行计算的时间) 都低于或接近 2，而 Shooting-2 算法仅在

表 2.1 3 种并行实现的效率比较

房间	面元数	计算时间/ms			
		单线程	Gathering	Shooting	Shooting-2
1	378	139329	82047	378219	75860
2	150	22250	13515	65219	10500
3	216	46657	27172	131578	18719
4	384	153531	87297	418110	51047
5	320	213578	106922	374360	64750

长条形房间中的加速比略低于 2，在其他房间中都超过 2，随着面元数的增加，加速比更是达到 3 以上 (例如，在房间 4 和房间 5 中)。由于在长条形房间中房间的直径 (即对角线) 大，所以发射矩阵的列数变得很多，导致计算量增大，因此在 Shooting-2 算法中房间 1 慢于房间 4。同样，房间 5 的直径介于房间 1 与房间 4 之间，故计算时间也介于两者之间，尽管其房间面元数少于后两者。

总之，直接的 Shooting 算法可能会由于同步化问题导致效率低下，甚至不如串行实现；而 Gathering 与 Shooting-2 具有较好的加速性能，其中 Shooting-2 算法效率甚至更佳。另外，Shooting-2 算法由于在计算工作线程的发射矩阵时不需要对系统总的平面响应矩阵做全面的访问，所以它在分布式系统中可能更有意义。

最后再对 Shooting-2 算法进行一点讨论。

同处在一个平面界面上的面元之间由于相互的形式因子为 0，是不需要进行直接的能量交换的，也就是说，不需要对同一平面界面上的面元进行操作，这样可以节省运算时间。如果只是简单地把同等数目的面元分配给不同的工作线程，那么有的线程负责的面元也许共面的程度较高 (例如，房间存在一个很大的平面界面，某个工作线程负责的面元有很多处在这个平面界面上)，而有的工作线程负责的面元共面程度较低，这样会造成工作线程完成其发射操作任务花费的时间不一致，即工作线程的负载不平衡。为了优化任务分配，可以在初次分配任务时不把所有的面元都分配给工作线程。例如，主线程先把所有面元的一半平均分配给工作线程，再把余下的面元分成若干等分，当某个工作线程完成第一次计算任务并向主线程报告空闲后，由主线程再次为它分配新的小额任务。这虽然可能会增加线程通信开销，但可以减少线程等待时间。

如果发射矩阵都取房间直径为列数，那么面元的发射矩阵是稀疏矩阵，因为它的每一行都只有一位不为 0，同时，工作线程的发射矩阵可能仍然是相当稀疏的。但是房间发射矩阵的情况就比较复杂了。例如，在一个接近球形的房间中，每个界面面元到其他面元的距离几乎能覆盖所有可能的面元两两之间的距离，对于房间发射矩阵的任意第 i 行，也就是面元 i 对应的一行，几乎每个距离上都有其他某个别的面元的能量贡献，也就是说，这一行几乎全不为 0，同样，整个房间发射矩阵的每个元素也几乎都非 0。

可以注意到，如果房间的形状为长条形，则处于房间中部的界面面元到其他面元的最大距离大约为房间直径的一半，处于端部的界面面元到其他面元的最小距离可以非常小，而到其他面元的最大距离大约在房间直径附近。也就是说，处于房间中部的面元的发射矩阵如果取列数为房间直径，则将近有一半的元素肯定为 0，而房间端部面元的发射矩阵几乎在所有列上都有非 0 元素。如果某个工作线程负责的面元全部在房间中部，则该线程采用一个列数大约只有房间直径一半大小的发射矩阵即可。这样对它的"加"操作就可以节省大量的计算量，而端部的面元也集中分配给某个工作线程，由它维护一个较大的发射矩阵。这与上文的讨论也是一致的。例如，长条形房间端部的一些面元与中部的一些面元也许是共面的，但是最好分配给不同的工作线程。

另外，如果两个房间通过一个洞口进行耦合，把总体房间的发射矩阵看作是两个耦合房间的发射矩阵的和，则每个房间的发射矩阵的非 0 元素主要位于代表本房间的面元的行上，并且在本房间的直径对应的列数的范围内，整个房间的发射矩阵的非 0 元素也主要集中在较大房间直径对应列数的范围内，此矩阵往往是非常稀疏的。

对于给定的房间与面元划分，发射矩阵上永远为 0 的元素的位置是固定的，所以，可以用一张表格来记录发射矩阵中不永远为 0 的元素位置，以减少不必要的计算。

第 3 章　声学辐射度模型声场衰变仿真研究

本章提出了理想扩散界面房间中声场的松弛的概念，并建议了基于松弛角的度量声场松弛程度的参量。

本章在不同界面吸声系数水平上，通过辐射度仿真运算对一系列形状从不规则到逐渐规则的房间中的声场松弛特性进行了探讨。结果显示，房间的形状越规则，界面反射系数越大，一般来说声场松弛的速度也越高。

本章提出基于声场松弛特性的辐射度运算结束判据，可用来降低辐射度运算的计算量 (称这类判据为松弛判据)；测试了一个简单的松弛判据的效果，发现它在形状较规则、界面吸声系数不是特别大的房间中非常有效；建议在辐射度运算中结合使用能量判据与松弛判据，在计算效率与精度之间达到平衡；对早期声能分布与房间松弛特性的关系进行了初步研究，得到一些新的结果，例如不同的早期声能分布引起的声场松弛有不同程度的差异，一个房间中的松弛角衰变率并不唯一。

3.1　研究背景

声学辐射度模型的实用性受限于其巨大的计算量，如何加速辐射度运算很值得研究。有一类算法通过减少在所谓的 "混响尾巴" 上花费的计算量来缩短计算时间。例如，Rougeron 等人给出了一个快速的 "平均" 方法来估计混响后期的界面辐射度[40]，取代直接的辐射度运算。但是这一类算法面临一个重要的问题: 如何判定混响何时进入后期。从热工计算、计算机图形学、照明工程到声学仿真等所有涉及辐射度模型的文献中，都没有对这个问题的深入讨论。作者对这一问题进行了研究，并在 Miles 的理论基础上给出一个方法来判定混响进入后期的时间[41]。

Miles 指出，如果一个房间具有理想扩散反射界面，则在声源停止发声后，房间界面上任意一点处的声能在混响的后期将逐渐逼近指数衰变，而且界面上所有点具有统一的衰变率，这一特点不与声源引起的初始声能分布有关[42]。换句话说，渐进指数型的衰变与统一的衰变率是由房间形状与界面吸声内在决定的。上述论断可以表示为：$B(x,t)$ 将会逐渐逼近一个指数衰变 $b_0(x)\mathrm{e}^{-\alpha_0 t}$，其中 $-\alpha_0$ 对整个界面上的点是唯一的。从中可以得出以下结论。

在混响的后期，房间界面上任意两点的辐射度之比将逐渐收敛于一个常数，而界面所有点上的辐射度在衰变过程中将收敛于一个由房间形状及界面吸声所决定的、与早期声能状态无关的固定分布。于是一个房间可以被看作一个转换器或一个算子，它把其中任意的能量初始分布转换为一个固定的相对分布，并以一个固有衰变率进行指数衰变。我们把这一现象称为声场的松弛。当房间界面上的辐射度分布充分接近其固有分布时，则称房间中声场已经充分松弛了，并判定声衰变进入混响后期。

可以看出，混响早期的辐射度运算比起后期更能提供声场的有用信息。因为如果我们得到了后期的统一衰变率，则后期的声场可以用简单的指数衰变来刻画，后期的辐射度运算几乎不能再进一步提供有意义的信息，因此可以停止。有一些研究者给出了计算后期衰变率的方法[43-44]。例如，Kuttruff 曾给出了能同时得到后期衰变率与归一化辐射度的最终分布的一个方法[43]。Miles 的论断也揭示了这样一个事实：如果一个声场系统松弛得非常快，则利用代价高昂的辐射度运算进行后期混响计算会带来很大的浪费。问题的核心就在于要在辐射度运算过程中对声场的松弛程度进行评估，以确定在什么时刻声场已经充分松弛了，或者说辐射度运算已经充分收敛了。通过对一系列房间的松弛特性进行研究，作者提出了基于声场松弛的性质把仿真的过程分为前后两段的方法，在前一段中使用声学辐射度模型进行仿真计算，而在后一段中采用一个快速的回归来取代声学辐射度运算，指数衰变的衰变率可以根据前一段仿真中得到的部分数据进行估计。

把任意一个连续函数 $V(x), x \in \mathrm{S}$ 看作实内积空间的一个向量，表示为 $\boldsymbol{V} = \{V(x), x \in \mathrm{S}\}$。用 $\angle\{\boldsymbol{V}_1, \boldsymbol{V}_2\}$ 表示两个非零向量 $\boldsymbol{V}_1$ 与 $\boldsymbol{V}_2$ 之间的夹角：

$$\angle\{\boldsymbol{V}_1, \boldsymbol{V}_2\} = \arccos \frac{(\boldsymbol{V}_1, \boldsymbol{V}_2)}{\|\boldsymbol{V}_1\| \cdot \|\boldsymbol{V}_2\|} \in [0, \pi] \qquad (3.1)$$

其中，$(\boldsymbol{V}_1, \boldsymbol{V}_2)$ 为向量的内积，$\|\boldsymbol{V}\| = \|V(x)\| = \sqrt{(\boldsymbol{V}, \boldsymbol{V})}$。

定义 3.1：把界面上所有点在 t 时刻的辐射度看作一个多维的向量，并称为声学辐射度向量 $\boldsymbol{B}(t) = \{B(x,t)e^{\alpha_0 t}, x \in \mathrm{S}\}$。

根据 Miles 的论断，在声源停止发声后，有 $\boldsymbol{B}(t) \to \boldsymbol{b}_0 = \{b_0(x), x \in \mathrm{S}\}$，$t \to \infty$。向量 $\boldsymbol{b}_0$ 对一个给定的房间来说是唯一的，且与声源无关，换句话说，与房间中能量的初始分布或者声能的早期衰变无关。

定义 3.2：$\boldsymbol{B}(t)$ 与 $\boldsymbol{b}_0$ 之间的夹角 Ψ_t 或任意两个时刻 τ、t 的向量 $\boldsymbol{B}(\tau)$ 与 $\boldsymbol{B}(t)$ 之间的夹角 $\Psi_{t,\tau}$ 称为松弛角：

$$\Psi_t = \angle\{\boldsymbol{B}(t), \boldsymbol{b}_0\}, \quad \Psi_{t,\tau} = \angle\{\boldsymbol{B}(t), \boldsymbol{B}(\tau)\} \qquad (3.2)$$

可以将某些基于松弛角的参数作为声场松弛程度的度量，通过声场衰变过程中这些参数的变化来研究声场松弛特性。首先考虑松弛角的余弦：

$$\mu(t) = \cos \Psi_t = \frac{(\boldsymbol{B}(t), \tilde{b})}{\|\boldsymbol{B}(t)\| \cdot \|\tilde{b}\|} \to 1, \quad t \to +\infty \qquad (3.3)$$

$$\mu(\tau, t) = \cos \Psi_{\tau, t} = \frac{(\boldsymbol{B}(\tau), \boldsymbol{B}(t))}{\|\boldsymbol{B}(\tau)\| \cdot \|\boldsymbol{B}(t)\|} \to 1, \quad \tau, t \to +\infty \qquad (3.4)$$

在声学辐射度模型中，房间界面被离散为 N 个面元，则上两式的离散形式为：

$$\mu(n) = \cos \Psi_n = \frac{(\boldsymbol{B}(n), \tilde{b})}{\|\boldsymbol{B}(n)\| \cdot \|\tilde{b}\|} \to 1, \quad n \to +\infty \qquad (3.5)$$

$$\mu(n, m) = \cos \Psi_{n, m} = \frac{(\boldsymbol{B}(n), \boldsymbol{B}(m))}{\|\boldsymbol{B}(n)\| \cdot \|\boldsymbol{B}(m)\|} \to 1, \quad n, m \to +\infty \qquad (3.6)$$

我们将利用松弛角或者与之相关的参量来衡量声场的松弛程度。比如，当声场在混响后期越来越松弛时，松弛角的余弦 μ 将会逼近 1。可注意到，μ 并非单调逼近于 1。这是因为界面面元之间距离不同，从而面元对之间的能量交换不同步，一部分面元间的能量频繁交换，而另外一部分却不然，于是系统的松弛趋势往往被房间较少作用过的能量所扰动。例如，在一个长条形的房间内，沿着长度方向传播的声能容易扰动系统的松弛趋势，则在衰变过程中，跌落与抖动常常在 μ 曲线上出现。在计算过程中，若 μ 值已经在到目前为止相当长的计算时间内都大于某常数 μ_0，则可认为系统在高于 μ_0 水平上松弛。

3.2　矩形房间声场松弛

先用仿真算例来研究声场松弛的特点。选取 4 种共 5 个具有均匀吸声界面的矩形房间，房间的形状代表了从不规则到规则的一种趋势，其中房间 1 ～ 3 和房间 5 都具有最大维度 60 m，而房间 2 ～ 4 具有相同的容积。

表 3.1 给出了房间的细节。房间的尺寸与界面的划分用 "长 × 宽 × 高" 的格式来表示。图 3.1 显示了长条形房间的尺寸与界面面元的划分方式。长条形房间的尺寸为 60 m×4 m×4 m，沿长度与宽度方向上的每个界面被划分为 $30 \times 3 = 90$ 个面元，沿长度与高度方向上的界面也是如此，而沿宽度与高度方向上的每个界面则被划分为 $3 \times 3 = 9$ 个面元，于是一共有 $90 \times 4 + 9 \times 2 = 378$ 个面元。由于房间界面矩形面元的边相互平行或垂直，于是形式因子可以采用解析公式进行精确计算[30]。

表 3.1　房间的几何参数

房间	形状	尺寸/(m×m×m)	容积/m³	界面划分	面元数
1	长条形	$60 \times 4 \times 4$	960	$30 \times 3 \times 3$	378
2	扁平形	$60 \times 60 \times 4$	14400	$30 \times 30 \times 3$	2160
3	常规形	$60 \times 30 \times 8$	14400	$30 \times 15 \times 6$	1440
4	立方体 1	$24.33 \times 24.33 \times 24.33$	14400	$10 \times 10 \times 10$	600
5	立方体 2	$60 \times 60 \times 60$	216000	$20 \times 20 \times 20$	2400

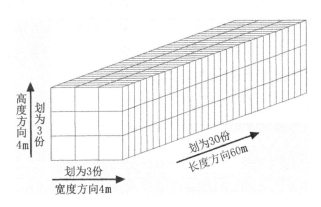

图 3.1 长条形房间的尺寸与界面面元划分方式

辐射度运算的时间步长设为 1 ms。所有房间都取其一个顶点作为坐标原点。在这些房间中，设置无指向性的点声源，位于坐标点 $(2, 2, 2)$ 上。考虑 3 种界面吸声系数为 0.15、0.35 和 0.55。

长条形 算例 1: 图 3.2 显示了长条形房间中 $\mu(n, 3000)$ 的值，其房间界面均匀分布的吸声系数为 0.15。我们把这个值看作 $\mu(n) = \mu(n, +\infty)$ 的一个近似值。在这个低吸声水平上，μ 值几乎单调而光滑地从 0 增长至 1。

算例 2: 图 3.3 为长条形房间界面吸声系数为 0.35 时的 μ 曲线。此时，除了在 t 约为 175 ms、360 ms 以及 523 ms 处有 3 个明显跌落以外，μ 曲线表现出与算例 1 相似的趋势。这些跌落是由长度方向上来回反射的声能引起的。注意到 $t = 175$ ms 对应于声源到最远处墙面之间的距离，或者说是初始激励 (即对系统的外来扰动) 结束的时刻。对比算例中，将最远处的后墙的吸声系数改为 1，保持其余墙面的吸声系数 0.35 不变，计算结果如图 3.4 所示。尽管相比于墙面的总面积 992 m^2，后墙面积很小，只有 16 m^2，但影响显著。现在松弛变得更快，μ 曲线的跌落也消失了，仅在约 $t = 175$ ms 处留下一个细微的颤动。

算例 3: 此算例为长条形房间、界面吸声系数为 0.55 的情况。为了保证精度，这里使用 $\mu(n, 6000)$ 来近似 $\mu(n)$。在这个形状不规则且界面吸声很强的房间中，声场松弛得非常缓慢，如图 3.5 所示。周期性的跌落出现在 μ 曲线中，

31

相邻的两个跌落之间的时间间隔与房间长度相对应。由于在房间短方向 (宽度与高度方向) 上传播的声能相对衰减得更大 (因为有频繁的反射)，故在房间长度方向上传播的声能引起的扰动更显著。但是，曲线的跌落幅度依然随时间的增长而降低，曲线的振荡也随时间的增长而趋于柔和。

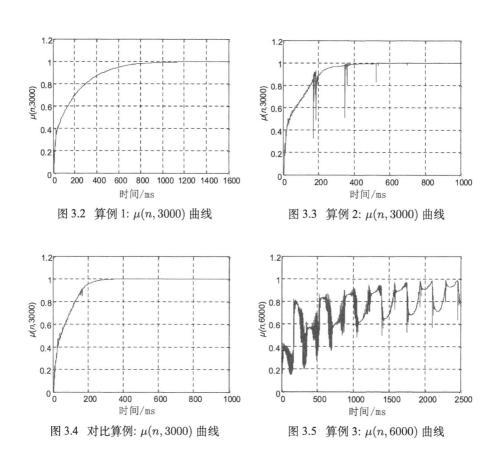

图 3.2 算例 1: $\mu(n, 3000)$ 曲线

图 3.3 算例 2: $\mu(n, 3000)$ 曲线

图 3.4 对比算例: $\mu(n, 3000)$ 曲线

图 3.5 算例 3: $\mu(n, 6000)$ 曲线

扁平形 算例 4: 此算例为扁平房间、界面吸声系数为 0.15 的情况。尽管此房间的体积是长条形房间的 15 倍，但是声场松弛速度却快于长条形房间。例如，当时间大于 321 ms 时，$\mu(n, 3000)$ 已经大于 0.90，而在算例 1 中，这需要等到 459 ms 后。本算例中的 μ 曲线也相当光滑，如图 3.6 所示。

算例 5: 此算例为扁平房间、界面吸声系数为 0.35 的情况。图 3.7 显示了此算例的 μ 曲线。μ 曲线上的剧烈振荡集中在一个时段，其间来自远端墙面的初始激励释放其对系统的扰动。基于房间几何形状，该时段的宽度大于算例 2 的情况。此时段后，曲线变得相当光滑，并且 μ 值也上升到很高的水平。

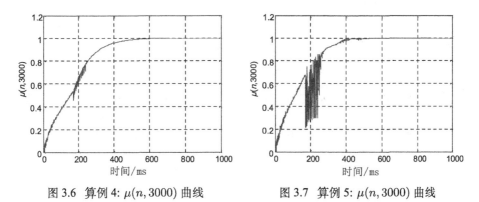

图 3.6　算例 4: $\mu(n, 3000)$ 曲线　　　　图 3.7　算例 5: $\mu(n, 3000)$ 曲线

算例 6: 此算例为扁平房间、界面吸声系数为 0.55 的情况。图 3.8 为此算例的 μ 曲线。同样，声场松弛得比同房间吸声系数低的情况要慢，直到 500 ms 以后才达到 0.90 以上，并且振荡的周期性也更强。在初始激励结束后，μ 曲线上出现了另外两个跌落。但是，相比于算例 3 的 μ 曲线 (周期性的跌落在衰变过程晚期还在出现)，扁平房间中的 μ 曲线就显得相当光滑了，表明其声场松弛速度快于算例 3 的长条形房间。

常规形　算例 7: 此算例为常规房间、界面吸声系数为 0.15 的情况。此房间的容积与扁平房间相同，但是声场却松弛得更快。图 3.9 给出了此算例的 μ 曲线。从中可以看到，曲线几乎是单调递增的，只在少数几处有微小的跌落，在 $t = 188\,\text{ms}$，初始激励结束。此算例中的 μ 值也几乎处处高于算例 4。当时间大于 225 ms 时，$\mu(n, 3000)$ 超过 0.90。

算例 8: 此算例为界面吸声系数 0.35 的情况。图 3.10 显示，当初始激励在大约 188 ms 结束时，μ 值就非常快速地跳跃到它的顶端附近，声场松弛的速度明显快于算例 5。

算例 9: 此算例为界面吸声系数为 0.55 的情况。图 3.11 显示，μ 值也在初始激励结束后跃升至一个很高水平，但此后，μ 曲线出现两个明显的跌落。对比算例 6，此房间的声场松弛速度要快于扁平房间。μ 曲线的振荡更加柔和。

33

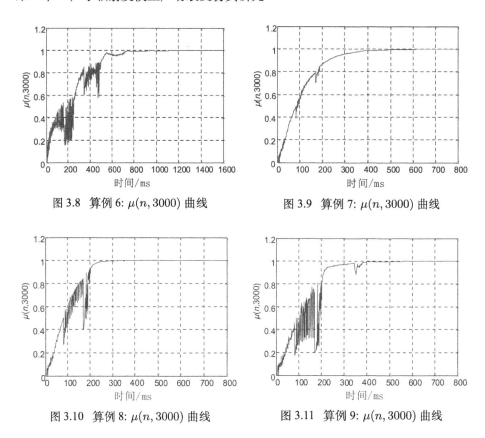

图 3.8　算例 6: $\mu(n, 3000)$ 曲线　　　　　图 3.9　算例 7: $\mu(n, 3000)$ 曲线

图 3.10　算例 8: $\mu(n, 3000)$ 曲线　　　　图 3.11　算例 9: $\mu(n, 3000)$ 曲线

立方体　算例 10 ~ 15 为 2 个立方体房间在 3 个界面吸声系数水平上的结果。对立方体 1 来说，声场松弛速度快于容积相同但形状更不规则 (即扁平与常规) 的房间，也快于容积更大的立方体 2。立方体 2 与房间 1 ~ 3 具有相同的最大维度 60 m，但容积远超后者，而声场松弛速度仍快于后者。为简洁起见，这里仅给出算例 15 (立方体 2，界面吸声系数为 0.55)。

算例 15: 在立方体 2 中，声源距界面最远点约 100 m，直达声从声源到达该点需要约 300 ms。此算例的 μ 曲线如图 3.12 所示。大约在 300 ms 以后，μ 曲线的振荡迅速消除，μ 值也上升到一个很高的水平。大约在 348 ms 以后，μ 值超过 0.90。图 3.13 显示了在声能衰变过程中剩余在房间中的所有声能。由于房间容积巨大，虽然界面具有很高的界面吸声系数，但房间中的剩余声能衰减 60 dB 仍然需要超过 2200 ms。

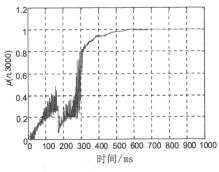

图 3.12 算例 15: $\mu(n, 3000)$ 曲线

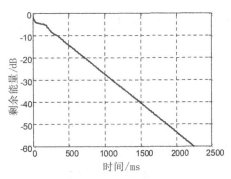

图 3.13 剩余能量

综上，矩形房间中表现出来的声场松弛特性如下。

① 对所有房间来说，如果具有非常反射的界面，例如界面吸声系数为 0.15，声场松弛的速度较快，并且 μ 曲线的振荡也较为柔和。随着界面吸声系数的增长，声场松弛的速度将会下降，μ 曲线的振荡也趋于激烈。

② 形状不规则的房间 (例如长条形或者扁平房间) 声场松弛的速度相对较慢，并且 μ 曲线会出现幅度逐渐减弱的周期性跌落，特别是在界面吸声系数较高时。随着房间形状变得越来越规则，声场松弛的速度将会变快，周期性的跌落将会减弱。

③ μ 曲线早期振荡较为激烈，随着时间的推移逐渐光滑。相对而言，形状不规则房间的 μ 曲线振荡激烈，特别是在界面吸声系数较高时。对所有房间来说，当距声源最远处墙面的初始激励结束时，μ 曲线会出现一个激烈振荡的区域，然后 μ 值上升至一个较高的水平。

3.3 仿真运算结束判据

在很多基于几何声学的声场仿真算法 (例如声线追踪法、辐射度模型) 中，残留在房间中的声能常常被用作结束计算的判据，我们把这类判据称为能量判据 (energy criterion，EC)。受到房间声场松弛性质的启发，可以提出基于声场松弛特性的判据来结束代价昂贵的辐射度计算，我们把这类判据称为松弛判据 (relaxation criterion，RC)。

3.3.1   能量判据与简单松弛判据

目前，使用声学辐射度模型来仿真室内声场的文献不多。Kang 使用声学辐射度模型系统研究了几类房间的声场特性[15-16,31]。他用来结束辐射度运算的判据 (记为 EC60) 是: 在仿真计算过程中监视系统中残余的声能，一旦其低于声源注入的初始声能的 10^{-6}，辐射度计算终止。

对于容积不是很大的房间，当界面吸声系数较大时，EC60 的效果也许较好 (在算例 15 中，由于房间容积非常大，尽管界面吸声系数高达 0.55，声场仍然需要很长的衰变时间才能满足 EC60)。反之，当房间界面反射系数较大时，声场就要衰变相当长的时间才能满足 EC60。而界面反射系数大的房间，声场松弛的速度恰恰是较快的。房间界面划分愈加精细，该问题就愈加突出。实际上，有很多界面反射较强的房间，例如音乐厅、剧院等，都需要进行仿真计算。

许多声学参数，例如早期延迟时间 (early decay time，EDT) 、混响时间 (reverberation time，T_{30}) 以及声压级 (sound pressure level，SPL) 等，对早期声衰变的依赖超过晚期。例如 T_{30} 仅与声能从 $-5\,\mathrm{dB}$ 到 $-35\,\mathrm{dB}$ 的衰变范围有关。尤其对 SPL 来说，它对声衰变早期部分的依赖远远大于后期部分。如果需要得到声衰变的后期部分，则可采用快速算法进行估算，而非昂贵的辐射度模型。

总的来说，如果单纯使用能量判据 (如 EC60)，也许会造成很大的浪费。比如，若声场衰变到 $-30\,\mathrm{dB}$ 左右时已经充分松弛了，那么此时停止辐射度计算可以节省近一半的计算量。

当声场充分松弛时 (例如 μ 值达到一个很高水平且不再激烈振荡)，可认为声衰变已经结束了早期部分而进入后期，此时结束辐射度运算，这种判据称为松弛判据。以下三个有力的依据支持这一判据:

①在现实中，大量的房间形状规则，其大部分界面也非高度吸声。在这些房间中，可以期望一个较快的声场松弛速度。

②对很多声学参量来说，早期声衰变的精确计算比后期重要得多。在由扩散反射界面构成的房间中，后期声衰变数据包含的信息量是非常微弱的，特别是当后期统一的衰变率已经得到时。

③ 在很多情况下，相比于计算速度，计算精度不是关键。在设计阶段，常常仅需要得到一个对声场的估计作为改进设计的参考或反馈。

首要问题是如何在每个时间间隔 n 处估计当前的 $\mu(n)$ 值。一般难以用上述 $\mu(n, 3000)$ 或者 $\mu(n, 6000)$ 作为近似值，因为它们只能在 3000 步或 6000 步以后得到。在此需要一个参量，它可以尽可能早地估计系统松弛的程度。

我们可以基于向量 $B(n)$ 与 $B(n-k)$ 之间松弛角的余弦 (即 $\mu(n, n-k)$) 判断声场是否足够松弛。当 k 较小时，也许 $\mu(n, n-k)$ 难以近似 $\mu(n)$，但它却是反映 $\mu(n)$ 值振荡激烈程度的很好标度。

具体来说，当初始激励结束后，检验参量 $1 - \mu(n, n-k)$ 何时连续 p 步低于一个预先设定的阈值 10^{-l}，此时可以认为系统已经充分松弛。

引入参量 $RC(s)$ 和它的离散形式 $RC(k)$:

$$RC(s) = \lg(1 - \mu(t, t-s)) \tag{3.7}$$

$$RC(k) = \lg(1 - \mu(n, n-k)) \tag{3.8}$$

其中，$s > 0$，$k > 0$ 为选定的常量。

参量 $RC(k)$ 的值域为 $[0, \infty)$，它放大了 $\mu(n, n-k)$ 的变化。后者的值域为 $[0, 1]$。在声衰变的后期，$\mu(n, n-k)$ 处于 1 的一个非常小的邻域中。于是上述松弛判据可以表述为 $RC(k)$ 连续 p 步低于 $-l$。

应该指出，每一步辐射度计算的开销是 $O(N^2)$，而计算 $RC(k)$ 仅仅需要一个 N 步的循环，或者说计算开销为 $O(N)$。所以，计算 $RC(k)$ 的额外开销是相对微不足道的，特别是当面元数 N 非常大时。

由于在声衰变的后期，每一个面元上的辐射度都趋向于以统一的衰变率进行指数衰变，因此所有面元上的能量和也趋向于以这个衰变率进行衰变。当辐射度运算终止时，可以对所有面元在最后 p 步中每一步能量和取对数，然后用线性回归求得最终的衰变率。用能量和而不是某个面元的辐射度数据，可以降低单个面元数据波动的干扰。当求得统一衰变率后，可以用它对每个面元上最后 p 步的数据进行外推，这样每个面元的辐射度都可以接上一个混响尾巴。

37

3.3.2 两种判据效果比较

现在对上述简单松弛判据 RC 与能量判据 EC60 的效果进行比较。取 $k = 5$，阈值 $l = -5$，步数 $p = 30$。表 3.2 列出了上文 15 个算例分别在判据 EC60 与 RC 下的辐射度运算终止时间。

表 3.2　两种判据效果比较

算例	终止时间/ms		最大差异/%			平均差异/%			剩余能量 /dB
	EC60	RC	EDT	T_{30}	SPL	EDT	T_{30}	SPL	
1	986	574	0.02	0.24	0.00	0.00	0.18	0.00	−35.1
2	—	—	—	—	—	—	—	—	—
3	—	—	—	—	—	—	—	—	—
4	1880	550	1.75	5.39	0.08	0.70	1.53	0.03	−17.9
5	856	676	0.00	0.16	0.00	0.00	0.03	0.00	−47.5
6	—	—	—	—	—	—	—	—	—
7	2939	505	3.80	2.82	0.29	1.90	0.64	0.12	−10.6
8	1193	422	0.35	0.37	0.00	0.03	0.20	0.00	−21.6
9	726	610	0.28	0.04	0.00	0.00	0.01	0.00	−50.1
10	4144	297	13.9	7.58	0.67	6.93	7.57	0.58	−4.60
11	1624	299	2.69	3.96	0.09	1.45	3.85	0.06	−11.5
12	918	366	0.72	1.68	0.00	0.07	1.28	0.00	−24.2
13	10201	645	2.72	1.55	0.14	1.26	1.55	0.05	−4.30
14	3984	654	17.6	10.0	0.16	3.74	9.83	0.12	−10.7
15	2249	675	4.50	10.8	0.03	1.20	9.87	0.03	−18.8

把每个房间的空间分为相同大小的小立方体，在每个小立方体的中心点上，以两个判据分别计算脉冲响应。在长条形房间中，小立方体边长取 1 m，于是长条形房间中共有 960 个立方体的中心点。在扁平房间与常规房间中，立方体边长为 2 m，于是在两个房间中各有 1800 个中心点。立方体 1 与立方体 2 也被划分得到 1000 个与 1728 个小立方体，其边长分别为 2.43 m 与 5 m。如果判据 RC 使辐射度计算很早结束，则混响后期数据可用回归运算得到。根据脉冲响应计算声学参量 EDT、T_{30} 和 SPL 在两种判据下的最大与平均差异。

表 3.2 中的"终止时间"指的是结束计算时面元平面响应的长度。EDT 与 T_{30} 的单位为 s，SPL 的单位为 dB。最后一列"剩余能量"是指计算结束时，对

系统中剩余的总声能与初始声能的比例，取常用对数再乘以 10，用 dB 表示。

在表 3.2 中，短横线表示该算例声场松弛非常缓慢，RC 的终止时间超过 EC60 的要求。换句话说，RC 在这些情况下不具优势或失效了。当 RC 给出的终止时间比 EC60 更早，则称 RC 有效。对长条形房间来说，RC 在吸声系数达到 0.35 以上时失效 (但是在对比算例中，当长条形房间没有后墙或者后墙的吸声系数为 1、其他界面吸声系数为 0.35 时，RC 仍然给出了一个比 EC60 要早的终止时间，尽管它没有被列在表 3.2 中)。当房间的形状变得越来越规则时，RC 的有效范围扩大。对扁平房间来说，当界面吸声系数高达 0.35 时，RC 依然有效。对常规房间来说，即使吸声系数高达 0.55，RC 也是有效的。在立方体房间中，即使吸声系数高达 0.55，RC 所判定的终止时间仍远低于 EC60。

显然，RC 的终止时间占 EC60 的终止时间的比例越小，RC 的效率越高。从表 3.2 中可看到，当房间的形状越来越规则时，RC 的效率一般也越来越高。例如，我们比较界面吸声系数为 0.15 的一些算例。在长条形房间 (算例 1) 中，RC 几乎减少了 EC60 所要求的一半的工作量 (后者要求辐射度运算到 986 ms，而前者只要求 574 ms)。在扁平房间 (算例 4) 中，两者比例为 $550/1880 = 0.29$，小于 1/3。在常规房间 (算例 7) 中，比例降到 $505/2939 = 0.17$。而在立方体 2 (算例 13) 中，EC60 要求的时间达 10201 ms，而 RC 要求的时间仅仅为 645 ms，两者的比例低至 $645/10201 = 0.06$，这意味着，在立方体 2 这样的空间中，声场松弛速度是如此之快，以至于 EC60 将带来耗时且价值很低的工作。

两种判据下得到的声学参量的最大与平均差异很小，特别是当 RC 没有把辐射度运算终止得太早时。算例 13 中，当系统中残余声能下降到 −4.3 dB 时，根据 RC，辐射度运算已经可以终止了，而且在 1728 个点上两种判据得到的声学参量的最大差异小于 3%。

在立方体房间中，在某些吸声系数水平下，参量 EDT 和 T_{30} 在两种判据下的数值差异较大。例如，算例 10 (立方体 1，界面吸声系数为 0.15) 中 EDT 最大的差异为 13.9%，算例 14 (立方体 2，界面吸声系数为 0.35) 中 EDT 最大的差异为 17.6%，大大超过了其他算例。这个现象并不表明这两个算例中声场松弛速度非常低，而是因为这两个算例的声场特性与声学参量的定义不同。

图 3.14 给出了算例 14 中点 (2.5，2.5，17.5) 处的声衰变曲线。曲线是用施罗德 (Schroeder) 积分处理声能脉冲响应得到的[45]。衰变曲线早期衰变率与后期衰变率相差很大，前后期衰变曲线段之间存在一个过渡段，它恰巧位于声能衰变到 −10 dB 的范围。EDT 的定义基于声能从 0 dB 衰变到 −10 dB 的衰变率，所以这种衰变曲线的形状很容易引起较大的计算偏差，尽管不同判据得到的衰变曲线非常接近。然而，这也意味着若声学参量不涉及衰变率的计算，偏差就不大了，例如 SPL、C_{50} (清晰度)、Ts (重心时间) 等等。

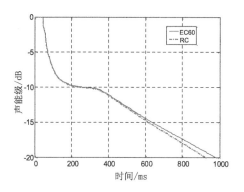

图 3.14　两种判据下某点的声衰变曲线

由于某些情况下 RC 会失效，故更富技巧的判据是结合使用 EC 和 RC，一旦 EC 或者 RC 的条件满足了，辐射度计算就可以终止。

3.3.3　基于松弛角衰变的判据

上文中简单的松弛判据涉及阈值、时间段 k 以及检验步数 p 的选择。有技巧的选择也许是需要经验的。例如，既然在 μ 曲线中观察到周期性的跌落，那么采用这样一种方式来选择 p 看来是一个好想法，也就是使得 p 步的时间跨度等于跌落周期的长度。在长条形房间中，跌落周期的长度约为 176 ms，对应声音沿房间长度 (60 m) 方向传播的时间。由于我们在辐射度运算中选择的时间间隔为 1 ms，这意味着 $p = 176$ 是一个好的选择。在扁平房间、常规房间以及立方体 2 中，跌落周期甚至长于 176 ms。然而，当把阈值 l 设为 −5 以及令 $k = 5$ 时，一个很小的 $p = 30$ 在我们研究的算例中依然表现很好。

寻找非经验性的松弛判据是有意义的。受到仿真结果的启发，可以提出另一种基于松弛角衰变的松弛判据。首先，有两项重要的观察如下。

① $RC(k)$ 曲线在声衰变的后期逐渐逼近一条直线，当界面反射强时尤为明显。当界面吸声系数提高时，$RC(k)$ 曲线后期的形状会相对复杂一些，但是线性的趋势仍然是明显的。图 3.15 显示了算例 1 中的 $RC(1)$、$RC(5)$ 以及 $RC(10)$ 曲线。$RC(1)$ 曲线振荡得最为激烈，随着 k 值的上升，$RC(k)$ 变得愈加光滑。

② 在衰变的早期，图 3.15 中的三条曲线相互紧密邻近。在 $t = 175$ ms 时出现一个跳跃，此时初始激励结束。然后三条曲线开始趋向相互平行的直线。

类似的趋势也出现在其他算例中。例如，图 3.16 ~ 3.18 显示了算例 7 ~ 9 的情况。图形显示，当界面吸声系数提高时，$RC(k)$ 曲线变得更加复杂，例如，周期性的跳跃出现在曲线的后期，虽然对应的 μ 曲线是相当光滑的，这是因为 $RC(k)$ 曲线放大了 $\mu(n, n-k)$ 的细节。尽管如此，不但 $RC(k)$ 曲线在后期的线性趋势明显，而且这些曲线明显地以固定的距离相互分开，即保持了线性性质与平行性质。要试图解释上述现象，必须引入以下两个假设。

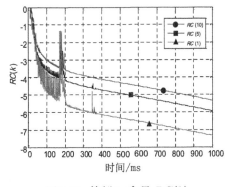

图 3.15 算例 1: 参量 $RC(k)$

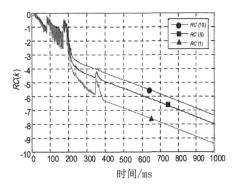

图 3.16 算例 7: 参量 $RC(k)$

① $RC(k)$ 曲线在后期的线性性质暗示，当声场衰变的时间充分长或者声场充分松弛时，向量 $\boldsymbol{B}(t)$ 与向量 $\tilde{\boldsymbol{b}}$ 之间的夹角也具有指数衰变的特性。

② 当声场衰变的时间充分长或者声场充分松弛时，向量 $\boldsymbol{B}(t-s)$、$\boldsymbol{B}(t)$ 与向量 $\tilde{\boldsymbol{b}}$ 趋向于共面。如果把向量 $\boldsymbol{B}(t-s)$、$\boldsymbol{B}(t)$ 单位化为 $\tilde{\boldsymbol{B}}(t-s)$、$\tilde{\boldsymbol{B}}(t)$，

则它们将趋向于单位向量 $\tilde{\boldsymbol{b}}$。这一假设意味着，单位化向量 $\tilde{\boldsymbol{B}}(t)$ 将沿着通过 $\tilde{\boldsymbol{b}}$ 点的一个单位圆的切线方向趋向于 $\tilde{\boldsymbol{b}}$，如图 3.19 所示。

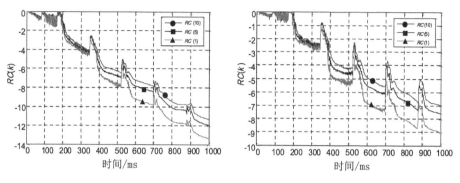

图 3.17　算例 8: 参量 $RC(k)$　　　　　图 3.18　算例 9: 参量 $RC(k)$

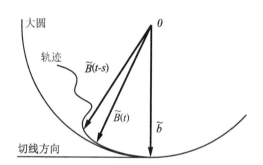

图 3.19　单位化向量 $\tilde{\boldsymbol{B}}(t)$ 收敛于 $\tilde{\boldsymbol{b}}$ 的方式

事实上，这两个假设正是上述线性与平行性质成立的必要条件。在这两个假设下，上述性质就很容易解释了。于是我们假定：

$$\Psi_t = \arccos \mu(t) \to \mathrm{e}^{-ht+d}, \quad t \to +\infty \tag{3.9}$$

其中，h 为松弛角 Ψ_t 的衰变率，d 为一个常数。于是可以得到：

$$
\begin{aligned}
\lg(1-\mu(t)) &= \lg(1-\cos\Psi_t) = \lg\left(2\sin^2\frac{\Psi_t}{2}\right) \to \lg\left(2\left(\frac{\Psi_t}{2}\right)^2\right) \\
&= 2\lg\Psi_t - \lg 2 \to At + D, \quad t \to +\infty
\end{aligned}
\tag{3.10}
$$

其中，$A = -2h \lg e$，$D = 2d \lg e - \lg 2$。

式 (3.10) 显示，当时间足够长时，$\lg(1 - \mu(t))$ 将会收敛到一个斜率为 A、截距为 D 的直线形式。现在，考虑 $RC(s) = \lg(1 - \mu(t, t-s))$：

$$
\begin{aligned}
RC(s) &= \lg(1 - \mu(t, t-s)) = \lg(1 - \cos \Psi_{t,t-s}) \\
&= \lg(1 - \cos(\Psi_t - \Psi_{t-s})) = \lg\left(2 \sin^2\left(\frac{\Psi_t - \Psi_{t-s}}{2}\right)\right) \\
&\to \lg\left(2\left(\frac{\Psi_t - \Psi_{t-s}}{2}\right)^2\right) \to 2\lg\left(e^{-h(t-s)+d} - e^{-ht+d}\right) - 2\lg e \\
&= 2\lg\left(e^{-ht+d}(e^{hs} - 1)\right) - 2\lg e = At + D', \quad t \to +\infty \quad (3.11)
\end{aligned}
$$

其中，$D' = 2d \lg e - 2\lg 2 + 2\lg(e^{hs} - 1)$。

式 (3.11) 显示，$RC(s)$ 收敛到斜率为 A、截距为 D' 的直线上。两条曲线 $RC(s)$ 和 $RC(s')$ 将逐渐收敛到一对平行直线上，直线之间的距离或截距之差依赖于 h、s 和 s'，与 d 无关。这一结论对于离散形式 $RC(k)$ 和 $RC(k')$ 也成立。注意到关系 $s = k\Delta t$ 成立，Δt 为离散化时间间隔。根据式 (3.11) 容易得到，$RC(k)$ 和 $RC(k')$ 后期逼近的直线的截距差为：

$$
\Delta D = 2\lg\left(\frac{e^{hk\Delta t} - 1}{e^{hk'\Delta t} - 1}\right) \tag{3.12}
$$

我们对得到的式 (3.11) 进行了验证。称图 3.15 中 $RC(1)$、$RC(5)$ 与 $RC(10)$ 曲线后期所逼近的直线为 L_1、L_2 与 L_3。最小二乘线性回归得到三条直线的斜率都为 $A = -0.0022/\text{ms}$，显示这三条直线平行。根据式 (3.10) 和 (3.12) 便得到算例 1 中的松弛角衰变率 h，L_1 与 L_2 之间的截距差为 1.4046，以及 L_2 与 L_3 之间的截距差为 0.6077。这些结果与从仿真数据中得到的结果是一致的。对其他算例也进行这样的检验。算例 9 中，虽然其 $RC(k)$ 曲线存在周期性跳跃，而且在线性回归中包含了这些跳跃的数据，但检验依然是成功的。有一点须指出：虽然在前文中提到，当房间形状越来越规则时，松弛速度会越来越快，但 $RC(k)$ 曲线在后期却出现周期性振荡，正如图 3.20 显示的算例 10 (立方体

1, 界面吸声系数为 0.15) 的 $RC(1)$、$RC(5)$，以及 $RC(10)$ 曲线上所看见的那样。虽然这些 $RC(k)$ 曲线在后期出现了周期性振荡，但是它们仍表现出了明显的线性趋势，而且在后期仍以固定的距离相互分开，即保持了平行性质。

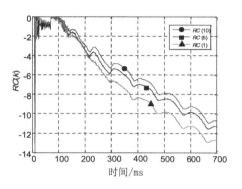

图 3.20　算例 10: 参量 $RC(k)$

我们对算例 10 的后期数据 (从 400 ms 到 700 ms 的数据) 进行检验，拟合直线间的截距差符合式 (3.12)。对规则房间的 $RC(k)$ 曲线出现周期性振荡的一个可能的解释是，当房间的形状变得越来越规则，即房间形状对称性提高时，辐射度在界面上的分布就会更加均匀，因而 $RC(k)$ 曲线就更容易受到系统中干扰能量的扰动。相反，如果辐射度在界面上分布得越不均匀，则 $RC(k)$ 值越决定于那些具有比较大的辐射度值的面元，它们使得干扰能量显得微弱。如果注意到松弛角计算中所涉及的内积运算，这一点就容易理解了。我们也在球形房间的仿真中发现，$RC(k)$ 曲线的振荡表现得更加显著，但是 $RC(k)$ 曲线的线性性质与平行性质仍然是明显的。

另外，不同 k 值 $RC(k)$ 曲线的相互关系在早期可能是非常复杂的，但非常有趣的是，我们经常可以观察到 $RC(k)$ 曲线在早期是非常紧密地贴近在一起的 (特别是当房间形状较为规则时)，而到了声场充分松弛的时候，$RC(k)$ 曲线才以固定的距离相互分开。

现在，可以利用几条 $RC(k)$ 曲线的关系来度量声场的松弛程度。当 $RC(k)$ 曲线开始以逐渐稳定的距离相互平行分开时，我们判定声衰变进入了后期。这些曲线可以在辐射度运算过程中被可视化，于是可以通过观察这些曲线的走势，手动结束运算，或者发展一个计算机算法来自动执行。

最后，比较式 (3.10) 与 (3.11)，可以得到如下关系：

$$RC(s) \rightarrow 2\lg \Psi_t - \lg 2 + \lg(e^{hs} - 1) \tag{3.13}$$

式 (3.13) 表明，当 s 选定时，$RC(s)$ 将收敛于松弛角常用对数的 2 倍加上一个常数。对于 $RC(k)$ 也有类似的结论。于是可以看出，在上述有关松弛角衰变的假设条件下，上文简单松弛判据使用 $RC(k)$ 作为估计声场松弛程度的度量是合理的，因为在松弛的后期，$RC(k)$ 经过一个常数的修正，就可以得到松弛角对数的 2 倍。

3.4　声源激励的影响

对于一个给定的房间，无论声源的位置何在，或者其中有什么样的早期声能分布，房间界面上的声能最终将松弛到一个固有的分布。但是，早期声能分布对声场松弛的性质有何影响值得研究。例如，一个房间中是否只有唯一的松弛角衰变率，早期的声能分布于松弛角衰变率有何关系，等等。我们把问题简化为研究矩形房间中声源位置对松弛松弛速度的影响，声源取无指向性脉冲点声源，通过仿真计算来探讨这些问题。

首先从简单的房间开始。取正方形截面的长条形房间，使声源沿长度方向中轴线一维变化，房间尺寸 (长 × 宽 × 高) 为 20 m × 4 m × 4 m，如图 3.21 所示。令界面有均匀分布的吸声系数 0.15。

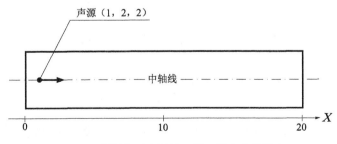

图 3.21　声源位于房间的一端，第 1 个位置上

以房间的一个顶点为坐标原点，分别以长、宽、高方向为 X、Y、Z 轴方向，则房间长度方向上的中轴线点的 Y、Z 坐标都为 $2\,\mathrm{m}$。单个无指向性点声源的位置从房间的一端 $(1,2,2)$ 开始，沿中轴线以每步 $1\,\mathrm{m}$ 的距离逐渐向房间中心位置 $(10,2,2)$ 移动，共有 10 个声源的位置。我们把处于房间一端的声源位置 $(1,2,2)$ 称为声源的 1 号位置，把坐标 $(2,2,2)$ 称为声源的 2 号位置，$\cdots$，把房间中心 $(10,2,2)$ 称为声源的 10 号位置。图 3.21 显示了声源在 1 号位置的情况。房间界面划分后，取时间分辨率为 $1\,\mathrm{ms}$，对每个声源进行辐射度计算。

从上文可知，$RC(k)$ 曲线所趋向的直线斜率与松弛角衰变率成正比，于是，给定一个房间，可以通过 $RC(k)$ 曲线来研究声源位置对松弛的影响。

图 3.22 为 10 个声源位置上得到房间声场的 $RC(1)$ 曲线。这些曲线最终都趋向于直线，其中 (右侧) 最下方曲线为房间中心处 10 号位置声源对应的 $RC(1)$ 曲线，最上方为声源在 1 号位置上的曲线。随着声源依次沿房间中轴线向房间中心移动，$RC(1)$ 曲线所趋向的直线也依次位于前一个声源位置的 $RC(1)$ 曲线所趋向的直线的下方。从图 3.22 中可以看到，在声场松弛的后期，上述 $RC(1)$ 曲线所趋向的直线部分呈现出明显的规律性。

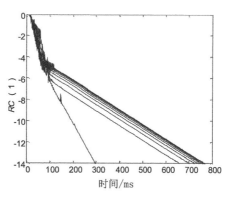

图 3.22　10 个不同声源位置的 $RC(1)$ 曲线

① 1 ~ 9 号位置的声源的 $RC(1)$ 曲线在后期趋向一组平行的直线，这表明这些位置处的声源引起的声场具有同样的松弛角衰变率。声源的移动经历了房间的绝大部分空间 (考虑到房间的对称性)，但是松弛角衰变率没有变化。另外，随着声源等距地从上一个位置移动到下一个位置，相邻 $RC(1)$ 曲线所

趋向的直线之间的截距差有着加速上升的趋势。考虑 $RC(k)$ 与松弛角之间的关系可知，随着声源向房间中心移动，声场后期的松弛程度有上升趋势。

② 房间中心点 $(10,2,2)$ 处 (10 号位置) 的声源引起的声场松弛速度显著高于其他位置，这一点可从最下方直线段较大的斜率看出。虽然 9 号位置与 10 号位置之间相距很小，前后两者松弛角衰变率的变化却是跳跃性的。我们把声源在端部时的松弛角衰变率称为衰变率 I，把声源在房间中心处的松弛角衰变率称为衰变率 II。此算例表明，房间中的松弛角衰变率不唯一。

为进一步研究这两个松弛角衰变率之间的关系，我们在房间中心附近放置声源，研究松弛变化的过程。

图 3.23 显示了 6 个声源位置处的 $RC(1)$ 曲线，这些曲线也最终逼近直线。其中最上面的直线 (用虚线表示) 对应的声源处于 1 号位置；最下方的直线 (也用虚线表示) 对应的声源处于 10 号位置 (房间中心)，从上往下第 $2 \sim 5$ 条直线对应的声源的 X 坐标依次为 9 m、9.9 m、9.97 m、9.99 m。

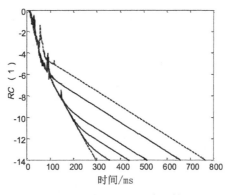

图 3.23　6 个不同声源位置情况

从图 3.23 可以看出，当声源的位置接近房间中心时，它的 $RC(1)$ 曲线在声场松弛早期平行于房间中心位置处的 $RC(1)$ 曲线，到了松弛后期逐渐平行于房间端部声源的 $RC(1)$ 曲线。也就是说，如果声源位置不位于房间中心，松弛角衰变率在早期趋向于衰变率 II，随后将趋向于衰变率 I，并且如果声源越靠近房间中心位置，则松弛角衰变率趋向于衰变率 I 的时间越晚。上述性质在其他的长条形房间中也得到验证，例如在算例 1 (房间大小为 60 m×4 m×4 m，界面吸声系数为 0.15) 中, 沿房间中轴线移动的声源产生的 $RC(1)$ 曲线也表现出同样的特性。图 3.24 为沿该房间长度方向中轴线每隔 1 m 移动声源得到的不同位置处的 $RC(1)$ 曲线。

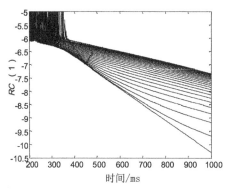

图 3.24 算例 1 中不同位置声源情况

进一步的研究发现, 当房间界面吸声系数上升时, 房间中两种松弛角衰变率的差异有缩小的趋势。图 3.25 与图 3.26 分别为 20 m×4 m×4 m 的房间中, 界面吸声系数为 0.35 与 0.55 时, 1 号位置与 10 号位置的 $RC(1)$ 曲线。随着吸声系数的提高, $RC(1)$ 曲线的波动性加大, 但是它们趋向的直线的斜率所代表的两个松弛角衰变率之间的差距明显缩小。为什么声源位于房间中心时导致的松弛角衰变率 II 会大于声源在其他位置时的松弛角衰变率 I? 这两种声源位置带来的声能初始分布有什么本质上的不同?

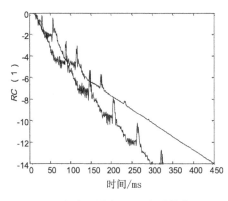

图 3.25 长条形房间, 吸声系数为 0.35

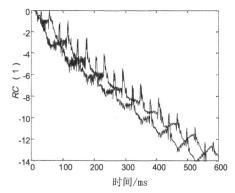

图 3.26 长条形房间, 吸声系数为 0.55

根据房间形状的对称性, 界面声能最终将趋向于以房间中心位置为中心的对称分布。对于一个维度的长条形房间来说, 首先表现为围绕房间中心的长度方向上的左右对称。当声源位于房间中心时, 声能初始分布是左右对称的, 这也许是引起较大的松弛角衰变率的原因。

为此, 在房间中轴线上左右对称地设置成对的无指向性点声源, 声源同时发声, 使初始声能分布围绕房间中心左右对称, 观察松弛角衰变率 (通过 $RC(k)$ 趋向的直线的斜率)。

在上述大小为 $20\,\mathrm{m} \times 4\,\mathrm{m} \times 4\,\mathrm{m}$、界面吸声系数为 0.15 的房间中轴线上布置 10 对声源。其中, 第 1 对声源的坐标为 $(1, 2, 2)$ 与 $(19, 2, 2)$, 称为 1 号位置 (如图 3.27 所示); 第 2 对声源的坐标为 $(2, 2, 2)$ 与 $(18, 2, 2)$, 称为 2 号位置; $\cdots$; 第 10 对声源的坐标位置即房间中心位置称为第 10 号位置。由于声源是一对同时发声的无指向性点声源, 第 10 对声源在房间中心重合, 所以它们引起的声场松弛特性与上文位于房间中心的单个声源的情况是一样的。

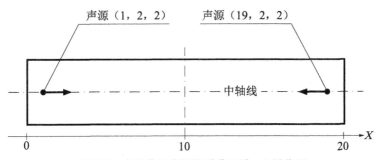

图 3.27 声源位于房间的对称两端, 1 号位置

图 3.28 给出了上述 10 对声源引起的 $RC(10)$ 曲线 (它们相对于 $RC(1)$ 曲线更加光滑)。这 10 条曲线的后期部分表现出了非常有趣的性质。

① 最上面的曲线为声源在房间中心处 (10 号位置) 的 $RC(10)$ 曲线; 最下面的曲线为声源在 $(5, 2, 2)$ 与 $(15, 2, 2)$ 处 (5 号位置) 的 $RC(10)$ 曲线。除了第 5 对声源外, 其他位置的声源引起的松弛角衰变率与房间中心位置声源引起的衰变率一致。这说明, 在房间的大部分位置上的、围绕房间中心的成对声源引起的初始声能分布将拥有相同的松弛角衰变率; 但是声源在 5 号位置上的情况

49

不符合我们的猜想，其机理有待进一步研究。

②声源位于房间中心时得到的 $RC(10)$ 曲线所趋向的直线部分位于平行直线族的最上方 (可以认为松弛最慢)，声源远离房间中心，直线段逐渐下移，直到声源处于 6 号位置。随着声源进一步到达 5 号位置时，衰变率出现跳跃性变化，然后随着声源从 4 号位置移动至位于房间一端的 1 号位置，$RC(10)$ 曲线的后期直线段又恢复原有的斜率，并逐渐向上移动。

③在与 5 号位置间隔相同的位置上，即 4 与 6、3 与 7、2 与 8 以及 1 与 9 号位置，$RC(10)$ 曲线非常接近。图 3.29 显示了这 4 组声源位置上 $RC(10)$ 曲线的细节，其中从上到下的实线依次为声源在 9、8、7、6 号位置上的 $RC(10)$ 曲线，虚线从右到左依次为声源在 1、2、3、4 号位置上的 $RC(10)$ 曲线。

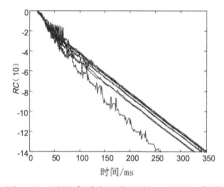 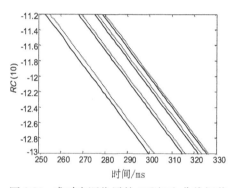

图 3.28　不同成对声源位置的 $RC(10)$ 曲线　　图 3.29　成对声源位置的 $RC(10)$ 曲线细节

上述算例的房间都具有正方形的截面，且声源在长度方向上进行 1 维的移动，事实上，在一般矩形截面的房间中，声源在 3 维方向上运动引起的松弛现象都具有与上述相类似的特性。

我们最后给出一个矩形房间的算例。如图 3.30 所示，房间为具有规则形状的矩形房间，大小为 $30\,\mathrm{m} \times 15\,\mathrm{m} \times 8\,\mathrm{m}$，界面划分为 $15 \times 7 \times 4$，房间界面具有均匀分布的吸声系数 0.15，辐射度计算采用的时间间隔为 1 ms。在连接房间的一个顶点 $(0,0,0)$ 与房间中心点 $(15,7.5,4)$ 的线段上等间隔取 5 个声源位置。其中最靠近房间顶点的声源位置为 1 号位置，坐标为 $(3,1.5,0.8)$；最后一个位置，即 5 号位置，为房间中心。声源为无指向性脉冲点声源。

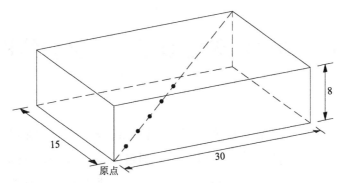

图 3.30 声源位于矩形房间的对角线上

图 3.31 给出了声源在上述 5 个位置处引起的 $RC(1)$ 曲线，从上往下依次为 1 ~ 5 号位置所对应的曲线。图中显示，声源从靠近顶点的 1 号位置越接近房间中心，则后期松弛角越小，松弛程度越高，但是声源在 1 ~ 4 号位置引起的松弛角衰变率却是一样的，这导致 $RC(1)$ 曲线在后期形成一组平行直线。声源到 5 号位置时，松弛角后期衰变率突变到一个显著更高的状态。

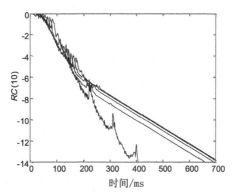

图 3.31 矩形房间中不同声源位置的 $RC(1)$ 曲线

研究表明，具有均匀界面吸声系数的矩形房间中，单个无指向性脉冲点声源在房间中心位置外，都将引起相同的松弛角后期衰变率，并且声源越靠近房间中心，声场松弛程度越高。但是当声源位于房间中心位置上时，声场在后期的松弛程度明显超过其他声源位置的情况，松弛角衰变率也显著提高。

第4章　声学辐射度模型声场衰变结构理论

本章给出广义声学辐射度模型(其房间界面反射不局限于某种特定模式)，定义了该模型的 L-特征值与 L-特征函数，通过对它们以及有关函数在 L-特征值处留数的研究，建立了一组数学定理与一系列支撑性引理，形成了描述该模型衰变特性的理论基础。

在上述理论基础上，获得该模型声场衰变结构的解析形式，给出了一衰变实例；利用该衰变结构在内积空间中的几何意义给出声场松弛性质的理论解释；对前人研究中存在的一些问题给出严谨的理论分析。

4.1　研究背景

声源激励产生的房间声场衰变结构是形成与表征房间音质的重要因素。从现代建筑声学诞生之日起，声场衰变结构就一直是室内音质理论与预测中历久弥新的核心课题。例如，理论上能全面描述声场特性的脉冲响应，在现实中就是由时间短促的有限声功率激励引起的直达声与以一定结构衰变的反射声序列。众多的房间声学参量依赖脉冲响应而定义。各种声场仿真算法真正要解决的核心问题，正是房间反射声场的仿真，特别是组成脉冲响应的反射声的仿真。反之，对声场衰变结构的理解将有助于改进仿真过程，减少冗余计算而提高效率。然而，由于数学上的困难，前人关于声场衰变结构的认识与观点长期以来大多缺乏严格的理论论证，或者说尚未在数学上达到成熟。

Sabine 有关混响时间的伟大工作开启了现代建筑声学[46]。他提出了一个室内稳态声场的统计衰变结构，该结构只包含一个实衰变率的纯粹指数（或单一指数）衰变模式：

$$i(t) = I\mathrm{e}^{-At}$$

52

其中，t 为声源结束后的时间，$i(t)$ 为室内平均声强，I 为 $i(t)$ 的初始值，而 A 为实衰变率。Sabine 混响时间公式是在这个衰变结构的基础上建立的。

为建立更加合理且符合实际的理论来计算混响时间，前人围绕室内声场衰变过程展开了研究。若干著名的混响时间公式，如 Eyring[47] 公式、Millington[48] 公式以及 Fitzroy[49] 公式等，在统计声学领域被提出。这些公式都建立在一个有效、主导或最终的衰变模式 (如 Sabine 所提出的单一指数衰变模式) 之上，它们的区别在于计算有效衰变率的方法。另外一些学者则基于几何声学的声线追踪概念，采用边界积分方程，求解不同形状与界面反射特性房间内单一指数衰变的有效衰变率，例如，Carroll 与 Chien[50]、Joyce[51]、Gilbert[44] 等。

然而即便在形状简单的房间中，更遑论耦合空间，声场衰变也一般呈现出比 Sabine 简洁优雅的单一指数形式远为复杂的结构，特别是在室内受声点处声衰变的早期。通过几何声学的声线分析，Cremer 与 Müller[52] 提出如下的室内稳态声场衰变结构是可能的：

$$E(t) = E_1 \mathrm{e}^{-2\delta_1 t} + E_2 \mathrm{e}^{-2\delta_2 t} + \cdots + E_n \mathrm{e}^{-2\delta_n t} + \cdots,$$

$$0 < \delta_1 < \delta_2 < \cdots \delta_n < \cdots$$

其中，$E(t)$ 为室内总体 (或平均) 声能密度，每个 $E_n \mathrm{e}^{-2\delta_n t}$ 为一个实指数衰变模式。但是这些衰变模式如何计算则未见于文献。

在波动声学中，封闭空间内的声场衰变结构往往用房间的简正模式来解释[53]。在室内受声点处由声源脉冲或稳态激励产生的声压可以被写为 (参见文献 [29] 中的方程 (3.43) 与 (3.44))：

$$p(t) = \sum_n a_n \mathrm{e}^{-\delta_n t} \cos(\omega_n t + \varphi_n)$$

其中，每一个由整数 n 标记的分量为一个声压衰变模式，实数 δ_n 与 ω_n 分别为该模式的阻尼因子与固有频率 (要求小阻尼假设 $\delta_n \ll \omega_n$ 成立)，a_n 与 φ_n 则为依赖于受声点的实常数。

53

扩散声场理论或假设在室内声学中是非常基础的理论。然而长期以来存在这样一种观点: 声场的非单一指数衰变源自声场的不充分扩散。例如, 该观点存在于 Hodgson 有关扩散声场理论应用的讨论中[54-55], 也成为很多研究者测量声场扩散度的基础[56-57]。而对于一个给定形状的房间而言, 增加声场扩散程度的一个主要方式是提高房间界面反射的扩散程度。D'Antonio 与 Cox[58] 甚至使用实验观察来支持这样一个观点: 通过提高房间界面反射的扩散程度, 声场衰变会变得更加线性与光滑, 换言之, 更加接近一个纯粹的指数形式。有趣的是, Carroll 与 Miles[59] 证明, 在一个具有均匀分布的吸声系数的理想扩散反射界面的球形空间中, 由球心处无指向性稳态点声源激发的反射声场是一理想的扩散声场。或许这是目前唯一一个已被解析证明的具有吸收界面的房间中的扩散声场。Carroll 与 Chien[50] 研究了该球体中的声衰变, 假定该衰变是单一指数形式的, 以主导衰变率为考虑对象。本章将证明, 即使是这样的扩散声场, 其衰变也是非常复杂的, 而绝非单一指数衰变。

Miles 首先采用了拉普拉斯 (Laplace) 变换来研究声学辐射度模型声场的衰变特性, 并观察到房间界面上所有点处的声能衰变都趋向于统一衰变率的指数衰变[42]。如上文所述, Kuttruff 基于该观察提出了一个迭代方法, 可以同时得到该衰变率以及房间界面声能的相对分布; 而作者则基于该观察研究并提出了声场松弛的性质。然而, Miles 关于声学辐射度拉普拉斯变换可变量分离的论证存在问题 (见注记4.1); Kuttruff 并没有给出其迭代方法正确性的证明, 即为何该迭代一定会收敛到系统的主衰变率与对应的房间界面声能分布; 而声场松弛的概念仅依据仿真数据建立在一些假设的基础上, 并没有给出理论解释。本章的研究将解答这些问题。

应该指出, 任何一个包含了数学上简化的仿真模型, 可能只有部分的性质与现实相符。也就是说, 一部分性质容易在实验中被观察到, 而另外一些则不然。然而, 所有这些性质都有助于我们更深入地理解该模型, 并由此改进模型, 以期更好地仿真现实。

注记 4.1 ：关于 Miles 的论证严谨性的讨论

Miles 认为声学辐射度的拉普拉斯变换可变量分离，他在文献 [42] 中用 $\bar{I}(x,p)$ 来表示该变换，其中，$x \in S$，$p \in \mathbb{C}$。这意味着 $\bar{I}(x,p)$ 可以表示为一个单变量 x 的函数乘以一个单变量 p 的函数。但是他的证明存在疑问。事实上，Miles 首先提出如下命题。

如果 $\bar{I}$ 可以写为 $\bar{I}(x,p) = a(x)L(p)/Q(p)$，则所有作为零点与极点的 p 值都与变量 x 独立。所谓独立是说，如果 p 值对某个 $x_0 \in S$ 而言是 $\bar{I}$ 的零点或极点，则该 p 值对所有 $x \in S$ 而言都是 $\bar{I}$ 的零点或极点。

然后，Miles 证明了所有作为 $\bar{I}$ 零点或极点的 p 值都与变量 x 独立，于是断言 $\bar{I}(x,p)$ 可变量分离 (参见文献 [42] 的第224—226 页)。

这里的问题是，尽管 Miles 的原命题是正确的，其逆命题却不然。例如，我们考虑这样一个函数：$f(x,p) = pe^{pR(x)}/(p-1)$，其中，$R(x) \not\equiv 0$。显然，$p = 0$ 与 $p = 1$ 分别为 $f(x,p)$ 的零点与极点，并且独立于变量 x。但是 $f(x,p)$ 不可变量分离。

4.2 广义声学辐射度模型声场衰变的基本理论

4.2.1 广义声学辐射度模型

我们先从如下的广义声学辐射度方程开始，而经典的声学辐射度模型则是广义辐射度模型的一个特例：

$$B(x,t) = \int_S \rho(x')k(x,x')B(x',t - R_{xx'}/c)\mathrm{d}s' + B_d(x,t) \tag{4.1}$$

方程 (4.1) 与声学辐射度方程 (2.12) 形式相同，之所以称式 (4.1) 为广义声学辐射度方程，区别在于对 $k(x,x')$ 的限定。

在经典声学辐射度模型中，$k(x,x')$ 代表点 $x \in S$ 与 $x' \in S$ 之间的能量交换关系，其特有的形式由界面理想扩散反射假设所限定，而在广义声学辐射度方程 (4.1) 中，仅仅要求 $k(x,x')$ 满足如下条件：

① $k(x,x')$ 是定义在 S × S 上的连续函数。

② $K_u \geq k(x,x') = k(x',x) \geq 0$，$\forall x \in S$，$\forall x' \in S$，在这里，$K_u$ 为一个常数。

③ $\int_S k(x,x')\mathrm{d}s' \leq 1$，当且仅当 $\int_S k(x,x')\mathrm{d}s' \equiv 1$，$\forall x \in S$ 时，称 S 为封闭界面。

④ $k(x,x') = 0$，若 $x = x'$。这表示一点上发出的声能不能直接到达该点本身。$\forall x \in S$，$\forall x' \in S$，$x \neq x'$，总存在一个有界整数 $N = N(x,x') \geq 1$ 以及点列 $\xi_m \in S$，$m = 0 \sim N$，且 $\xi_0 = x$ 以及 $\xi_N = x'$，使得 $\prod_{m=1}^{N} k(\xi_{m-1},\xi_m) > 0$。其物理意义是，位于点 x 处辐射出的声能总可以沿着点 ξ_m 构成的声传播路径，直接到达点 x' 处或经过有限次反射而部分地到达点 x' 处。

⑤ 在 2 维情况下，若 $\Delta S \subseteq S$ 与 $\Delta S' \subseteq S$ 为位于同一条直线上的两线段，则有 $k(x,x') = 0$ 对任意 $x \in S$ 与 $x' \in \Delta S'$ 成立。在此条件下，ΔS 上辐射的声能不能直接到达 $\Delta S'$。

其他关于初始激励与房间界面的约定，仍然与第 2 章中的经典声学辐射度模型一致，只是不再要求房间界面必须有限弯曲，因为这里已经直接规定了 $k(x,x')$ 是一个在 S × S 上的有界连续函数。

注记 4.2：从对 $k(x,x')$ 的要求来看，广义声学辐射模型最重要的实质是界面反射特性与入射声方向无关，而经典模型的理想扩散反射即是满足此要求的一个特例。

4.2.2　研究工具

采用拉普拉斯变换[60] 作为基本工具来分析方程 (4.1) 所代表的系统的声场衰变特性。

令：

$$L(x,p) = \mathscr{L}\{B(x,t)\} = \int_{-\infty}^{+\infty} B(x,t)\mathrm{e}^{-pt}\mathrm{d}t, \; p \in \mathbb{C} \tag{4.2}$$

方程 (4.1) 变换为:

$$L(x,p) = \int_S K(x,x',p)L(x',p)\mathrm{d}s' + L_d(x,p) \tag{4.3}$$

其中, $K(x,x',p) = \rho(x')k(x,x')\mathrm{e}^{-pR_{xx'}/c}$, $L_d(x,p) = \int_{T_s}^{T_e} B_d(x,t)\mathrm{e}^{-pt}\mathrm{d}t$。显然, $L_d(x,p)$ 是 p 的整函数。

事实上, 方程 (4.3) 是一个第二类弗雷德霍姆 (Fredholm) 积分方程[61], 以 $\lambda = 1$ 为积分系数。方程 (4.3) 最重要的特点是在积分核 $K(x,x',p)$ 内有一个复指数型参量 $p \in \mathbb{C}$。系统的特性高度依赖于该参量。

如果存在函数 $l(x) \not\equiv 0$, 使得:

$$l(x) = \int_S K(x,x',P)l(x')\mathrm{d}s' \tag{4.4}$$

则称复数 P 为 $K(x,x',p)$ 的一个 L-特征值, 并称 $l(x)$ 为 $K(x,x',P)$ 的一个 L-特征函数, 或 $K(x,x',P)$ 有一个 L-特征函数 $l(x)$。换言之, 若 P 是 $K(x,x,p)$ 的一个 L-特征值, 则 $\lambda = \lambda(P) = 1$ 为 $K(x,x',P)$ 的一个特征值。令:

$$\mathbb{P} = \{P \in \mathbb{C} : P是K(x,x',p)的一个L\text{-}特征值\}$$

显然, $\mathbb{P}$ 仅由系统本身决定, 与作为系统输入的初始激励无关。

$\forall P \in \mathbb{P}$, 我们用 $\mathbb{L}_P$ 来表示 $K(x,x',P)$ 所有 L-特征函数构成的集合, 并称所有 $K(x,x',P)$ 的线性无关 L-特征函数的个数为 P 的几何重数。显然, 它即是 $\lambda(P) = 1$ 作为 $K(x,x',p)$ 特征值的几何重数。

松弛条件: 考虑如下一族曲线:

$$\left\{C_n = C_{n,1}\bigcup C_{n,2}\middle| n = 1, 2, \cdots, +\infty\right\}$$

$\forall n$, $C_{n,1}$ 为一直线段, 起点为 $p_n = \alpha - \mathrm{i}\beta_n$, 终点为 $\overline{p_n} = \alpha + \mathrm{i}\beta_n$, 其中, $\alpha = \mathrm{Re}\{p_n\} = \mathrm{const} > 0$, $-\beta_n = \mathrm{Im}\{p_n\} < 0$。并且, $\beta_n \to +\infty$, 当 $n \to +\infty$

时，$C_{n,2}$ 为一简单曲线，起点为 $\overline{p_n}$，终点为 p_n，并且不经过任何 $P \in \mathbb{P}$。$\forall P \in \mathbb{P}$，存在一个数 n_P 使得 $\forall n > n_P$，P 位于 C_n 所包围的面积之内。对于一个给定时刻 $t \in \mathbb{R}$，若存在一族 C_n 使得：

$$\lim_{n \to +\infty} \int_{C_{n,2}} L(x,p)\mathrm{e}^{pt}\mathrm{d}p = 0, \ \ \forall x \in \mathrm{S}$$

则称松弛条件成立。于是有：

$$B(x,t) = \mathscr{L}^{-1}\{L(x,p)\} = \frac{1}{2\pi\mathrm{i}} \lim_{n \to \infty} \int_{C_n} L(x,p)\mathrm{e}^{pt}\mathrm{d}p = \sum_{P \in \mathbb{P}} \mathrm{Res}\{L(x,P)\mathrm{e}^{Pt}\}$$

$B(x,t)$ 可以通过 $L(x,p)$ 的反拉普拉斯变换进行求解，当上述松弛条件满足时，该反拉普拉斯变换由 $\mathrm{Res}\{L(x,P)\mathrm{e}^{Pt}\}$ 构成，$P \in \mathbb{P}$。这里，$\mathrm{Res}\{f(p)\}$ 表示一个函数 f 在点 $p \in \mathbb{C}$ 处的留数。

根据 Fredholm 定理[62]，对每个 $p \in \mathbb{C} - \mathbb{P}$，即 p 使得 $\lambda = 1$ 为核 $K(x,x',p)$ 的正则值，方程 (4.3) 存在唯一解：

$$\begin{aligned} L(x,p) &= M(x,p) + L_d(x,p) \\ &= \int_S \Gamma(x,x',1,p)L_d(x',p)\mathrm{d}s' + L_d(x,p) \end{aligned} \tag{4.5}$$

$$\Gamma(x,x',1,p) = \frac{D(x,x',1,p)}{D(1,p)}$$

其中，$\Gamma(x,x',\lambda,p)$，$D(\lambda,p)$ 与 $D(x,x',\lambda,p)$ 分别是预解核、Fredholm 行列式与 Fredholm 1 阶子式。这里 p 为参数，积分系数 $\lambda = 1$。

后面会证明 (见注记 4.12)，$M(x,p)$ 是 $p \in \mathbb{C}$ 的亚纯函数，其极点的集合是 $\mathbb{P}$ 的子集。所以，$L(x,p)$ 在点 $p \in \mathbb{C} - \mathbb{P}$ 处解析。对于一个点 $P \in \mathbb{P}$，若 $L_d(x,P)$ 正交于 $\overline{K(x',x,P)}$ 对应 $\bar{\lambda} = 1$ 所有的特征函数，则 $L(x,P)$ 有解 (参见文献 [61] 中的定理 2.2.4)，从而 P 事实上不是 $L(x,p)$ 的极点。然而当考虑留数问题时，注意到下文的注记 4.13，为简单计，我们总是称 $P \in \mathbb{P}$ 是 $L(x,p)$ 的 r 阶极点，只要它是 $M(x,p)$ 的一个 r 阶极点，其中整数 $r \geq 1$。

4.2.3 基本理论

如下的一组定理构建了一个整体框架，揭示了广义声学辐射度模型声场在有限激励下的衰变结构：

定理 4.3：$\mathbb{P}$ 是一个可列点集，且不包含有界的聚点。

定理 4.4：$\mathrm{Re}\{P\} \le 0$，$\forall P \in \mathbb{P}$。

定义 4.5：$P \in \mathbb{P}$ 的实部 $\mathrm{Re}\{P\}$ 可以降序排列，即 $0 \ge -\alpha_0 > -\alpha_1 > \cdots > -\alpha_n > \cdots$，称 P 为 $K(x,x',p)$ 的一个 $n \ge 0$ 阶 L-特征值，若 $\mathrm{Re}\{P\} = -\alpha_n$。

定理 4.6 共轭性质：

(i) 若 $P \in \mathbb{P}$，则 $\overline{P} \in \mathbb{P}$。

(ii) 若 $l \in \mathbb{L}_P$，则 $\bar{l} \in \mathbb{L}_{\overline{P}}$。

(iii) $L(x,\bar{p}) = \overline{L(x,p)}$，$\forall p \in \mathbb{C} - \mathbb{P}$。

(iv) $\mathrm{Res}\{L(x,\bar{p})\mathrm{e}^{\bar{p}t}\} = \overline{\mathrm{Res}\{L(x,p)\mathrm{e}^{pt}\}}$，$\forall p \in \mathbb{C}$。

推论 4.7：$\mathrm{Res}\{L(x,\alpha)\mathrm{e}^{\alpha t}\} \in \mathbb{R}$，若 $\alpha \in \mathbb{R}$。

定理 4.8：对于 $P \in \mathbb{P}$，$\mathrm{Res}\{L(x,P)\mathrm{e}^{Pt}\} \in \mathbb{L}_P$，若 $\mathrm{Res}\{L(x,P)\mathrm{e}^{Pt}\} \not\equiv 0$。

事实上，设 P 为 $L(x,p)$ 的一个 r 阶极点（$r \ge 1$），则有 $\mathrm{Res}\{L(x,P)\mathrm{e}^{Pt}\} = L_P(x,t)\mathrm{e}^{Pt} = \sum_{k=0}^{r-1} l_{P,k}(x)t^k\mathrm{e}^{Pt}$，其中每一个 $l_{P,k}(x) \in \mathbb{L}_P$，若 $l_{P,k}(x) \not\equiv 0$。特别地，若 $r = 1$，则有 $\mathrm{Res}\{L(x,P)\mathrm{e}^{Pt}\} = \mathrm{Res}\{L(x,P)\}\mathrm{e}^{Pt} = L_P(x)\mathrm{e}^{Pt} = l_{P,0}(x)\mathrm{e}^{Pt} \not\equiv 0$。

定理 4.9：(i) $-\alpha_0$ 是 $K(x,x',p)$ 仅有的 0 阶 L-特征值。

(ii) $K(x,x',-\alpha_0)$ 具有唯一的归一化正 L-特征函数，且 $-\alpha_0$ 的几何重数为 1。

(iii) $K(x,x',\alpha)$ 的任意 L-特征函数都正交于 $K(x,x',-\alpha_0)$ 唯一的归一化正 L-特征函数，若实数 $\alpha \ne -\alpha_0$。

(iv) 当且仅当 $\rho(x) \equiv 1$ 并且 S 封闭时，有 $-\alpha_0 = 0$ 且 $K(x,x',-\alpha_0=0)$ 唯一的归一化正 L-特征函数为 $\tilde{\phi}(x) \equiv 1/\sqrt{|S|}$。否则，$-\alpha_0 < 0$。

定理 4.10：$-\alpha_0$ 是 $L(x,p)$ 的一个极点，若 $B_d(x,t) \not\equiv 0$。

4.3　基本理论的证明

4.3.1　定理 4.3 的证明

引理 4.11：$D(1,p)$ 与 $D(x,x',1,p)$ 都是变量 p 的整函数。

证明: 对于整数 $n \geq 1$，引入如下记号:

$$K \begin{bmatrix} x_1, x_2, \cdots, x_n, p \\ y_1, y_2, \cdots, y_n, p \end{bmatrix}$$

$$= \det \begin{pmatrix} K(x_1, y_1, p) & K(x_1, y_2, p) & \cdots & K(x_1, y_n, p) \\ K(x_2, y_1, p) & K(x_2, y_2, p) & \cdots & K(x_2, y_n, p) \\ \vdots & \vdots & \ddots & \vdots \\ K(x_n, y_1, p) & K(x_n, y_2, p) & \cdots & K(x_n, y_n, p) \end{pmatrix} \tag{4.6}$$

其中，$x_j \in \mathrm{S}$ 与 $y_j \in \mathrm{S}$，$j = 1, 2, \cdots, n$。

在圆心位于复平面原点、任意半径 $r > 0$ 的圆上，即对于 $|p| \leq r$，有 $|K(x, x', p)| \leq M_r = K_u \mathrm{e}^{r R_u/c}$。

应用阿达马 (Hadamard) 引理可以得到:

$$\left| K \begin{bmatrix} x_1, x_2, \cdots, x_n, p \\ y_1, y_2, \cdots, y_n, p \end{bmatrix} \right| \leq n^{n/2} M_r^n \tag{4.7}$$

根据 [61] 中的定理 2.5.1，可以得到:

$$D(1,p) = 1 + \sum_{n=1}^{\infty} \frac{(-1)^n}{n!} d_n(p) \tag{4.8}$$

其中，

$$d_n(p) = \int_{\mathrm{S}} \int_{\mathrm{S}} \cdots \int_{\mathrm{S}} K \begin{bmatrix} x_1, x_2, \cdots, x_n, p \\ x_1, x_2, \cdots, x_n, p \end{bmatrix} \mathrm{d}s_1 \mathrm{d}s_2 \cdots \mathrm{d}s_n$$

$\mathrm{d}s_j$ 为点 x_j 处界面微元，$j = 1, 2, \cdots, n$。

考虑到 (4.7)，有：

$$\left| \frac{(-1)^n}{n!} d_n(p) \right| \leq \frac{n^{n/2}(|\mathrm{S}|M_r)^n}{n!} := f_n$$

注意到：

$$\frac{f_{n+1}}{f_n} = \frac{|\mathrm{S}|M_r}{\sqrt{n+1}}(1 + \frac{1}{n})^{n/2} \to 0, \quad n \to +\infty$$

可知正项级数 $\sum_{n=1}^{\infty} f_n$ 收敛。于是，$\sum_{n=1}^{\infty} \frac{(-1)^n}{n!} d_n(p)$ 绝对收敛且局部一致收敛，这表明 $D(1, p)$ 是 p 的整函数。

类似可以得到：

$$D(x, x', 1, p) = K(x, x', p) + \sum_{n=1}^{\infty} d_n(x, x', p) \frac{(-1)^n}{n!} \tag{4.9}$$

其中，

$$d_n(x, x', p) = \int_{\mathrm{S}} \int_{\mathrm{S}} \cdots \int_{\mathrm{S}} K \begin{bmatrix} x, x_1, x_2, \cdots, x_n, p \\ x', x_1, x_2, \cdots, x_n, p \end{bmatrix} \mathrm{d}s_1 \mathrm{d}s_2 \cdots \mathrm{d}s_n$$

于是有：

$$\left| d_n(x, x', p) \frac{(-1)^n}{n!} \right| \leq \frac{(n+1)^{\frac{n+1}{2}} |\mathrm{S}|^n M_r^{n+1}}{n!} := g_n$$

同样，

$$\frac{g_{n+1}}{g_n} = |\mathrm{S}|M_r \left(1 + \frac{1}{n+1}\right)^{\frac{n+1}{2}} \frac{\sqrt{n+2}}{n+1} \to 0, \quad n \to +\infty$$

$\sum_{n=0}^{\infty} d_n(x, x', p) \frac{(-1)^n}{n!}$ 绝对且局部一致收敛，$D(x, x', 1, p)$ 为 p 的整函数。 □

令 $\mathbb{D}$ 为 $D(1, p)$ 的零点的集合。显然，据引理 4.11，$\mathbb{D}$ 是一个可列集，且不包含有界的聚点。

定理 4.3 的证明: 若复数 $P \in \mathbb{D}$, 则 $\lambda = 1$ 是 $D(\lambda, P)$ 的一个零点。根据 [63] 中的定理 3, P 是 $K(x, x', p)$ 的一个特征值。于是可以得到 $P \in \mathbb{P}$, 因此有 $\mathbb{D} \subseteq \mathbb{P}$。同时，任意复数 $P \in \mathbb{P}$ 意味着 $\lambda = 1$ 是 $K(x, x', p)$ 的一个特征值，因此有 $D(1, P) = 0$。所以可以得到 $P \in \mathbb{D}$, 因此又有 $\mathbb{P} \subseteq \mathbb{D}$。从而，$\mathbb{D} = \mathbb{P}$ 成立，定理 4.3 得证。　　□

注记 4.12 : $\Gamma(x, x', 1, p)$ 与 $M(x, p)$ 都是 p 的亚纯函数，$\Gamma(x, x', 1, p)$ 的极点集等于 $\mathbb{P}$, $M(x, p)$ 的极点集为 $\mathbb{P}$ 的子集。

证明: 显然, $\Gamma(x, x', 1, p) = D(x, x', 1, p)/D(1, p)$ 为亚纯函数, 因为 $D(x, x', 1, p)$ 与 $D(1, p)$ 都是 p 的整函数。并且根据 [63] 中的定理 3, $\Gamma(x, x', 1, p)$ 的极点集也等于 $\mathbb{D} = \mathbb{P}$。

根据引理 4.11, $\int_S D(x, x', 1, p) L_d(x', p) \mathrm{d}s'$ 亦为 p 的整函数, 因为 $L_d(x, p)$ 为整函数。因此, $M(x, p)$ 为 p 的亚纯函数, 其极点构成 $\mathbb{P}$ 的子集。于是, $M(x, p)$ 以及 $L(x, p)$ 在点 $p \in \mathbb{C} - \mathbb{P}$ 处解析。　　□

注记 4.13 : $\forall p \in \mathbb{C}$, 有:

(i) $\operatorname{Res}\{L(x, p)\} = \operatorname{Res}\{M(x, p)\}$;

(ii) $\operatorname{Res}\{L(x, p)\mathrm{e}^{pt}\} = \operatorname{Res}\{M(x, p)\mathrm{e}^{pt}\}$。

证明: 根据定理 4.3, $\mathbb{P}$ 是孤立点集。因此, $L(x, q)f(q) = M(x, q)f(q) + L_d(x, q)f(q)$ 对位于任意点 $p \in \mathbb{C}$ 足够小的去心邻域中的 q 成立，这里 $f(q)$ 是任意一个 $q \in \mathbb{C}$ 的整函数。于是有 $\operatorname{Res}\{L(x, p)f(p)\} = \operatorname{Res}\{M(x, p)f(p)\}$, 因为 $L_d(x, q)f(q)$ 作为一个 q 的整函数, 对 $L(x, q)f(q)$ 在点 p 处足够小的去心邻域中洛朗级数 (Laurent series) 的主要部分 (principal part) ——或者更明确地说, 对 $(q - p)^{-1}$ 项——没有贡献。注记 4.13 的 (i)、(ii) 分别为 $f(q) = 1$ 与 $f(q) = \mathrm{e}^{qt}$ 的情况。　　□

4.3.2 定理 4.4 的证明

假设 P 是一个 L-特征值且有 $\mathrm{Re}(P) > 0$，$l(x)$ 为 $K(x, x', P)$ 的一个 L-特征函数，这将导致一个矛盾：

$$
\begin{aligned}
\int_S |l(x)| \mathrm{d}s &= \int_S \left| \int_S K(x, x', P) l(x') \mathrm{d}s' \right| \mathrm{d}s \\
&\leq \int_S \int_S k(x, x') |\mathrm{e}^{-P R_{xx'}/c}| |l(x')| \mathrm{d}s' \mathrm{d}s \\
&< \int_S k(x, x') \mathrm{d}s \int_S |l(x')| \mathrm{d}s' \leq \int_S |l(x')| \mathrm{d}s'
\end{aligned}
$$

注意到 $|\mathrm{e}^{-P R_{xx'}/c}| = \mathrm{e}^{-\mathrm{Re}(P) R_{xx'}/c} < 1$ 对于所有 $x' \neq x$，$\int_S k(x, x') \mathrm{d}s \leq 1$，以及 $\rho(x) \leq 1$ 成立。$\qquad\square$

4.3.3 定理 4.6 的证明

若 $P \in \mathbb{P}$，设 $l(x)$ 是 $K(x, x', P)$ 的一个 L-特征函数。于是 $l(x)$ 满足如下的齐次方程：

$$
\overline{l(x)} = \int_S \overline{K(x, x', P) l(x') \mathrm{d}s'} = \int_S K(x, x', \bar{P}) \overline{l(x')} \mathrm{d}s' \tag{4.10}
$$

这表明 $\bar{P} \in \mathbb{P}$。顺便指出，这也就导致 $\bar{p} \in \mathbb{C} - \mathbb{P}$，当 $p \in \mathbb{C} - \mathbb{P}$ 时。另外式 (4.10) 表明 $\overline{l(x)}$ 是 $K(x, x', \bar{P})$ 的一个 L-特征函数。(i) 与 (ii) 得证。

对于 $p \in \mathbb{C} - \mathbb{P}$，有：

$$
\begin{aligned}
L(x, \bar{p}) &= \int_S K(x, x', \bar{p}) L(x', \bar{p}) \mathrm{d}s' + L_d(x, \bar{p}) \\
\overline{L(x, p)} &= \int_S \overline{K(x, x', p) L(x', p)} \mathrm{d}s' + \overline{L_d(x, p)} \\
&= \int_S K(x, x', \bar{p}) \overline{L(x', p)} \mathrm{d}s' + L_d(x, \bar{p})
\end{aligned}
$$

于是，根据积分方程解的唯一性，必然有 $\overline{L(x,p)} = L(x,\bar{p})$。(iii) 得证。

令 $q = p + re^{i\theta} \in \gamma$，其中 γ 是圆心位于 p 半径为 r 的一个圆。半径 r 足够小以至于没有 L-特征值位于圆 γ 上或位于 γ 内 p 的去心邻域上。点 q 在 γ 上逆时针运动，伴随着 θ 从 0 增长到 2π。于是有:

$$
\begin{aligned}
\overline{\mathrm{Res}(L(x,p)\mathrm{e}^{pt})} &= -\frac{1}{2\pi\mathrm{i}} \int_{\gamma} \overline{L(x,q)\mathrm{e}^{qt}\mathrm{d}q} = -\frac{1}{2\pi\mathrm{i}} \int_{\bar{\gamma}} L(x,\bar{q})\mathrm{e}^{\bar{q}t}\mathrm{d}\bar{q} \\
&= \mathrm{Res}\{L(x,\bar{p})\mathrm{e}^{\bar{p}t}\}
\end{aligned}
$$

其中，$\bar{\gamma}$ 为一个圆，$\bar{q}$ 在其上顺时针运动。(iv) 得证。　　　　□

根据定理 4.6 给出的共轭性质，推论 4.7 显然成立。　　　　□

4.3.4　定理 4.8 的证明

设 P 为 $\Gamma(x, x', 1, p)$ 的一个 w 阶极点 $(w \geq 1)$。于是 $\Gamma(x, x', 1, p)$ 在点 P 的足够小的去心邻域中的洛朗级数可以写为:

$$
\Gamma(x, x', 1, p) = \sum_{n=0}^{+\infty} a_n(x, x')(p - P)^{n-w} \tag{4.11}
$$

其中，$a_0(x, x') \not\equiv 0$。

引理 4.14：对于 $w - 1 \geq n \geq 0$ 以及任意给定的点 $x' \in \mathrm{S}$，有 $a_n(x, x') \in \mathbb{L}_P$，若 $a_n(x, x') \not\equiv 0$。

证明: 对于在 P 的足够小的去心邻域内的点 p 而言，$\lambda = 1$ 是 $K(x, x', p)$ 的正则值，预解核 $\Gamma'(x, x', 1, p)$ 满足如下方程 (参见文献 [62] 第 II 章的方程 (7)):

$$
\Gamma(x, x', 1, p) = K(x, x', p) + \int_{\mathrm{S}} K(x, y, p)\Gamma(y, x', 1, p)\mathrm{d}s_y \tag{4.12}
$$

其中，$\mathrm{d}s_y$ 是位于点 $y \in \mathrm{S}$ 处的界面微元。

将式 (4.11) 代入式 (4.12)，将结果乘以 $(p-P)^w$，令 $p \to P$，可以得到：

$$a_0(x, x') = \int_{\mathrm{S}} K(x, y, P) a_0(y, x') \mathrm{d}s_y$$

这表明 $a_0(x, x')$ 是 $K(x, x', P)$ 的 L-特征函数，若 $a_0(x, x') \not\equiv 0$ 对于任意给定的 $x' \in \mathrm{S}$ 成立。

令 m 为一个满足 $w - 1 \geq m > 0$ 的整数。假定对于 $m > n \geq 0$ 以及任意给定的 $x' \in \mathrm{S}$，有：

$$a_n(x, x') = \int_{\mathrm{S}} K(x, y, P) a_n(y, x') \mathrm{d}s_y \tag{4.13}$$

使用式 (4.13) 去化简式 (4.12)，将结果乘以 $(p-P)^{w-m}$，令 $p \to P$，则得到：

$$a_m(x, x') = \int_{\mathrm{S}} K(x, y, P) a_m(y, x') \mathrm{d}s_y$$

即对 $n \leq w - 1$ 及任意给定的 $x' \in \mathrm{S}$，$a_n(x, x') \in \mathbb{L}_P$，若 $a_n(x, x') \not\equiv 0$。 $\quad \square$

注记 4.15：设 P 的几何重数为 G，$l_j(x)$ 为 $K(x, x', P)$ 的线性无关的 L-特征函数，$j = 1, 2, \cdots, G$。则 $a_n(x, x')$ 一定可以写为 $l_j(x)$ 的线性组合：

$$a_n(x, x') = \sum_{j=1}^{G} g_{j,n}(x') l_j(x) \tag{4.14}$$

其中，对任意给定的 $x' \in \mathrm{S}$，函数 $g_{j,n}(x')$ 为 $l_j(x)$ 的系数。

定理 4.8 的证明： 设 $\Gamma_1(x, x', 1, p)$ 为 $\Gamma(x, x', 1, p)$ 在点 P 足够小的去心邻域中的主要部分，于是有：

$$
\begin{aligned}
\mathrm{Res}\{L(x, P)\mathrm{e}^{Pt}\} &= \mathrm{Res}\{M(x, P)\mathrm{e}^{Pt}\} \\
&= \mathrm{Res}\{\int_{\mathrm{S}} \Gamma_1(x, x', 1, P) L_d(x', P) \mathrm{d}s' \mathrm{e}^{Pt}\}
\end{aligned}
$$

根据式 (4.11) 和 (4.14)，$\Gamma_1(x, x', 1, p)$ 可以被写为：

$$
\begin{aligned}
\Gamma_1(x, x', 1, p) &= \sum_{n=0}^{w-1} a_n(x, x')(p - P)^{n-w} \\
&= \sum_{n=0}^{w-1} \sum_{j=1}^{G} g_{j,n}(x') l_j(x)(p - P)^{n-w}
\end{aligned}
$$

其中，G 为 P 的几何重数，$l_j(x)$ 为 $K(x, x', P)$ 的线性无关的 L-特征函数，$g_{j,n}(x')$ 为 $l_j(x)$ 的系数。

设 P 为 $L_d(x, p)$ 的一个 r_0 阶零点 $(r_0 \geq 0)$。在点 P 的邻域，e^{pt} 与 $L_d(x, p)$ 可以被展开为：

$$
\begin{aligned}
\mathrm{e}^{pt} &= \mathrm{e}^{Pt} \sum_{k=0}^{+\infty} \frac{t^k}{k!}(p - P)^k \\
L_d(x, p) &= \sum_{m=0}^{+\infty} h_m(x)(p - P)^{m+r_0}
\end{aligned}
$$

其中，$h_m(x) = \frac{1}{m!} \frac{\partial^m (L_d(x,p)(p-P)^{-r_0})}{\partial^m p}|_{p=P}$，且 $h_0(x) \not\equiv 0$。

于是，$\int_S \Gamma_1(x, x', 1, p) L_d(x', p) \mathrm{d}s' \mathrm{e}^{pt}$ 在点 P 足够小的去心邻域中的洛朗级数可以写为 $l_j(x)$ 的线性组合：

$$
\begin{aligned}
&\int_S \Gamma_1(x, x', 1, p) L_d(x', p) \mathrm{d}s' \mathrm{e}^{pt} \\
&= \left[\sum_{n=0}^{w-1} \sum_{m=0}^{+\infty} \sum_{j=1}^{G} \xi_{j,n,m} l_j(x)(p - P)^{n+m-u} \right] \left[\mathrm{e}^{Pt} \sum_{k=0}^{+\infty} \frac{t^k}{k!}(p - P)^k \right] \\
&= \mathrm{e}^{Pt} \sum_{k=0}^{+\infty} \sum_{n=0}^{w-1} \sum_{m=0}^{+\infty} \sum_{j=1}^{G} \frac{t^k}{k!} \xi_{j,n,m} l_j(x)(p - P)^{k+n+m-u} \quad (4.15)
\end{aligned}
$$

其中，常数 $\xi_{j,n,m} = \int_S g_{j,n}(x')h_m(x')\mathrm{d}s$ 以及 $u = w - r_0$。

式 (4.15) 的第一个方括号中为 $\int_S \Gamma_1(x,x',1,p)L_d(x',p)\mathrm{d}s'$ 的洛朗级数，其主要部分与 $M(x,p)$ 的主要部分相等；式 (4.15) 的第二个方括号中为 e^{pt} 的洛朗级数。留数 $\mathrm{Res}\{L(x,P)\mathrm{e}^{Pt}\}$ 为式 (4.15) 中所有 $(p-P)^{-1}$ 项之和的系数。

设 r 为式 (4.15) 的第一个括号中使得所有 $(p-P)^{-r}$ 项之和不消失为零的最大整数。显然，$r \leq u$。

若 $r \leq 0$，则 P 不是 $L(x,p)$ 的极点，那么式 (4.15) 中根本就没有 $(p-P)^{-1}$ 项，即 $\mathrm{Res}\{L(x,P)\mathrm{e}^{Pt}\}$ 消失为零。

若 $r \geq 1$，则 P 为 $L(x,p)$ 的 r 阶极点。注意到式 (4.15) 的第二个括号中只有 $k \leq r-1$ 项有可能对留数有贡献，于是通过对式 (4.15) 中所有 $(p-P)^{-1}$ 项进行求和，可以得到：

$$\mathrm{Res}\{L(x,P)\mathrm{e}^{Pt}\} = \sum_{k=0}^{r-1} L_{P,k}(x)t^k\mathrm{e}^{Pt} \tag{4.16}$$

$$L_{P,k}(x) = \sum_{n=0}^{u-1-k} \sum_{j=1}^{G} \frac{1}{k!}\xi_{j,n,u-1-k-n}l_j(x) \tag{4.17}$$

其中每一个 $L_{P,k}(x)$ 都是 $l_j(x)$ 的线性组合，若不消失为零，则是 $K(x,x',P)$ 的一个 L-特征函数。若 $r=1$，即 P 为 $L(x,p)$ 的简单极点，则式 (4.15) 第一个方括号中所有 $(p-P)^{-1}$ 项总和的系数等于留数 $\mathrm{Res}\{L(x,P)\} = \mathrm{Res}\{M(x,P)\} \not\equiv 0$。于是有 $\mathrm{Res}\{L(x,P)\mathrm{e}^{Pt}\} = \mathrm{Res}\{L(x,P)\}\mathrm{e}^{Pt} = L_{P,0}(x)\mathrm{e}^{Pt} \not\equiv 0$。 $\square$

注记 4.16：P 作为 $L(x,p)$ 的极点，不能保证 $\mathrm{Res}\{L(x,P)\mathrm{e}^{Pt}\}$ 不消失为零。有趣的是，若 P 为 $L(x,p)$ 的简单极点，则可以确保 $\mathrm{Res}\{L(x,P)\mathrm{e}^{Pt}\} \not\equiv 0$。对物理系统而言，这是非常重要的一种情况。

4.3.5 定理 4.9 的证明

将方程 (4.3) 与 (4.4) 的两侧乘以 $\sqrt{\rho(x)}$，它们可以被复对称化如下：

$$L'(x,p) = \int_S K'(x,x',p)L'(x',p)\mathrm{d}s' + L'_d(x,p) \qquad (4.18)$$

$$l'(x) = \int_S K'(x,x',P)l'(x')\mathrm{d}s' \qquad (4.19)$$

其中，$L'(x,p) = \sqrt{\rho(x)}L(x,p)$，$L'_d(x,p) = \sqrt{\rho(x)}L_d(x,p)$，$l'(x) = \sqrt{\rho(x)}l(x)$，以及 $K'(x,x',p) = K'(x',x,p) = \sqrt{\rho(x)\rho(x')}k(x,x')\mathrm{e}^{-pR_{xx'}/c}$ 为复对称核。

同样，对于一个复数 P，如果存在一个函数 $l'(x) \not\equiv 0$ 满足式 (4.19)，则称 P 为 $K'(x,x',p)$ 的一个 L-特征值，$l'(x)$ 为 $K'(x,x',P)$ 的一个 L-特征函数。用 $\mathbb{L}'_P$ 来表示 $K'(x,x',P)$ 所有 L-特征函数的集合。P 作为 $K'(x,x',p)$ 的一个 L-特征值的几何重数，定义为 $K'(x,x',P)$ 所有线性无关的 L-特征函数个数。

注记 4.17：(i) 对于一个复数 P，若 $l(x) \in \mathbb{L}_P$，则 $l'(x) = \sqrt{\rho(x)}l(x) \in \mathbb{L}'_P$；反之，若 $l'(x) \in \mathbb{L}'_P$，则 $l(x) = l'(x)/\sqrt{\rho(x)} \in \mathbb{L}_P$。于是 $K'(x,x',p)$ 的 L-特征值集合也等于 $\mathbb{P}$。

(ii) 无论是作为 $K(x,x',p)$ 还是 $K'(x,x',p)$ 的 L-特征值，P 的几何重数一致。

证明： (i) 证明是显然的。

(ii) 对于一个给定整数 $N \geq 1$ 与 $j = 1,2,\cdots,N$：

若存在线性无关的函数列 $l_j(x) \in \mathbb{L}_P$，则必然也存在线性无关的函数列 $l'_j(x) = \sqrt{\rho(x)}l_j(x) \in \mathbb{L}'_P$，因为

$$\sum_{j=1}^{N} c_j l'_j(x) = \sqrt{\rho(x)} \sum_{j=1}^{N} c_j l_j(x) \equiv 0$$

要求系数 $c_j \equiv 0$。反之，若存在线性无关的函数列 $l_j'(x) \in \mathbb{L}_P'$，则必然存在线性无关的函数列 $l_j(x) = l_j'(x)/\sqrt{\rho(x)} \in \mathbb{L}_P$，注意到

$$\sum_{j=1}^{N} c_j l_j(x) = \Big(\sum_{j=1}^{N} c_j l_j'(x) \Big) / \sqrt{\rho(x)} \equiv 0$$

亦要求 $c_j \equiv 0$。这表明，无论 P 是作为 $K(x,x',p)$ 还是 $K'(x,x',p)$ 的 L-特征值，都必然具有统一的几何重数；换言之，当提及 P 的几何重数时，无须分辨它是 $K(x,x',p)$ 还是 $K'(x,x',p)$ 的 L-特征值。 □

$\forall p \in \mathbb{C}$，我们使用 $\lambda = \lambda(p)$ 来表示 $K'(x,x',p)$ 的一个特征值，注意 λ 可能是 p 的多值函数。$\forall \alpha \in \mathbb{R}$，$K'(x,x',\alpha) \geq 0$ 是一个厄米特 (Hermitian, 事实上是实对称) 核，它只可能存在实特征值 $\lambda = \lambda(\alpha)$。我们用 $\lambda_1 = \lambda_1(\alpha)$ 表示任何一个特征值，其在所有特征值 $\lambda = \lambda(\alpha)$ 中具有最小的模 (即 $|\lambda_1(\alpha)| \leq |\lambda(\alpha)|$)；用 $\mathbb{E}_\alpha'$ 表示 $K'(x,x',\alpha)$ 对应于 $\lambda_1(\alpha)$ 的所有特征函数的集合；用 $K_\alpha' v := \int_S K'(x,x',\alpha)v(x')\mathrm{d}s'$ 定义算子 K_α'。

在此，用 $(v_1, v_2) = \int_S v_1(x)\overline{v_2(x)}\mathrm{d}s$ 表示函数 $v_1(x)$ 与 $v_2(x)$ 的内积，$x \in S$。令 $\|v\| = \sqrt{(v,v)}$ 为一个函数 $v = v(x)$ 的模。若 $\|v\| \neq 0$，则用 $\tilde{v} = v/\|v\|$ 表示 v 的归一化函数。

引理 4.18 ：$\forall \alpha \in \mathbb{R}$，有：

(i) $\lambda_1(\alpha) > 0$，并且 $|\ell| \in \mathbb{E}_\alpha'$，若 $\ell \in \mathbb{E}_\alpha'$；

(ii) $\lambda_1(0) \geq 1$；

(iii) $\lambda_1(\alpha) \to 0$，$\alpha \to -\infty$。

证明： (i) 根据 [61] 中的定理 3.2.1，有：

$$\frac{1}{|\lambda_1(\alpha)|} = \Big| (K_\alpha' \tilde{\ell}, \tilde{\ell}) \Big| = \max_{\|v\|=1} \big\{ \big| (K_\alpha' v, v) \big| \big\} \tag{4.20}$$

其中，最大值当且仅当 $v \in \mathbb{E}'_\alpha$ 时才能达到。而 $K'(x,x',\alpha) \geq 0$ 导致：

$$\left|(K'_\alpha \tilde{\ell}, \tilde{\ell})\right| \leq (K'_\alpha |\tilde{\ell}|, |\tilde{\ell}|)$$

于是，式 (4.20) 中的最大值也必然达到，若 $v = |\tilde{\ell}|$，则 $|\ell| \in \mathbb{E}'_\alpha$。所以有：

$$|\ell(x)| = \lambda_1(\alpha) \int_S K'(x,x',\alpha) |\ell(x')| \mathrm{d}s' \tag{4.21}$$

并且 $\lambda_1(\alpha) > 0$，因为式 (4.21) 中的其他项皆为非负。事实上：

$$\frac{1}{\lambda_1(\alpha)} = (K'_\alpha |\tilde{\ell}|, |\tilde{\ell}|) = \max_{\|v\|=1} \left\{ (K'_\alpha |v|, |v|) \right\} > 0$$

(ii) 对于 $\alpha = 0$，式 (4.21) 变为：

$$|\ell(x)| = \lambda_1(0) \int_S \sqrt{\rho(x)\rho(x')} k(x,x') |\ell(x')| \mathrm{d}s'$$

注意到 $\rho(x) \leq 1$ 与 $\int_S k(x,x')\mathrm{d}s' \leq 1$，$\forall x \in S$，可以得到：

$$
\begin{aligned}
0 < \int_S |\ell(x)|\mathrm{d}s &= \lambda_1(0) \int_S \int_S \sqrt{\rho(x)\rho(x')} k(x,x') |\ell(x')| \mathrm{d}s'\mathrm{d}s \\
&\leq \lambda_1(0) \int_S k(x,x')\mathrm{d}s \int_S |\ell(x')|\mathrm{d}s' \leq \lambda_1(0) \int_S |\ell(x')|\mathrm{d}s'
\end{aligned}
$$

这表明 $\lambda_1(0) \geq 1$。

(iii) 令 $\xi = \xi(x) \equiv 1/\sqrt{|S|} > 0$，显然 $\|\xi\| = 1$。可以得到：

$$(K'_\alpha \xi, \xi) = \frac{1}{|S|} \int_S \int_S \sqrt{\rho(x)\rho(x')} k(x,x') \mathrm{e}^{-\alpha R_{xx'}/c} \mathrm{d}s'\mathrm{d}s$$

任选两点 $y \in S$ 与 $y' \in S$，使 $k(y,y') > 0$。显然 $R_{yy'} > 0$。根据连续性，存在两个有限大小的连续界面面元 $\Delta S_y \ni y$ 与 $\Delta S_{y'} \ni y'$ 以及距离 $R_0 > 0$，使

得 $k(x, x') > 0$ 和 $R_{xx'} > R_0$ 对任意点 $x \in \Delta S_y$ 与 $x' \in \Delta S_{y'}$ 成立。

当 $\alpha \to -\infty$ 时，可以得到：

$$(K'_\alpha \xi, \xi) \geq \frac{e^{-\frac{\alpha R_0}{c}}}{|S|} \int_{\Delta S_y} \int_{\Delta S_{y'}} \sqrt{\rho(x)\rho(x')} k(x, x') \mathrm{d}s' \mathrm{d}s \to +\infty$$

因此有：

$$0 < \lambda_1(\alpha) = \frac{1}{\max_{\|v\|=1}\{(K'_\alpha |v|, |v|)\}} \leq \frac{1}{(K'_\alpha \xi, \xi)} \to 0 \qquad\qquad \Box$$

引理 4.19：$\lambda_1(\alpha)$ 是实变量 α 的一个严格单调递增的连续函数。

证明： 对任意 $\alpha < \alpha'$，对满足 $k(x, x') \neq 0$ 的任意两点 x, x'，有 $0 < K'(x, x', \alpha') < K'(x, x', \alpha)$ 成立。于是 $\lambda_1(\alpha) < \lambda_1(\alpha')$ 成立，因为有：

$$0 < \frac{1}{\lambda_1(\alpha')} = (K'_{\alpha'} |\tilde{\ell}'|, |\tilde{\ell}'|) < (K'_\alpha |\tilde{\ell}'|, |\tilde{\ell}'|) \leq (K'_\alpha |\tilde{\ell}|, |\tilde{\ell}|) = \frac{1}{\lambda_1(\alpha)}$$

其中，$\ell \in \mathbb{E}'_\alpha$，$\ell' \in \mathbb{E}'_{\alpha'}$。这就证明了 $\lambda_1(\alpha)$ 是实变量 α 的严格单调函数。

由于 $K'(x, x', \alpha)$ 是 α 的一致连续函数，对于 $\Delta\alpha \to 0$，可以得到：

$$\begin{aligned}
\Delta K' &= \sup \left| K'(x, x', \alpha) - K'(x, x', \alpha + \Delta\alpha) \right| \\
&= \sup \left(\sqrt{\rho(x)\rho(x')} k(x, x') |e^{-\alpha R_{xx'}/c} - e^{-(\alpha+\Delta\alpha)R_{xx'}/c}| \right) \\
&\leq k_u e^{-\alpha R_u/c} \left| 1 - e^{-\Delta\alpha R_u/c} \right| \to 0
\end{aligned}$$

对于 $0 \leq \Delta\alpha \to 0$，有：

$$\begin{aligned}
\left| \frac{1}{\lambda_1(\alpha+\Delta\alpha)} - \frac{1}{\lambda_1(\alpha)} \right| &= \left(K'_\alpha |\tilde{\ell}|, |\tilde{\ell}| \right) - \left(K'_{\alpha+\Delta\alpha} |\tilde{\ell}'|, |\tilde{\ell}'| \right) \\
&\leq \left(K'_\alpha |\tilde{\ell}|, |\tilde{\ell}| \right) - \left(K'_{\alpha+\Delta\alpha} |\tilde{\ell}|, |\tilde{\ell}| \right) \leq |S|^2 \Delta K' \to 0
\end{aligned}$$

其中, $\ell \in \mathbb{E}'_\alpha$, $\ell' \in \mathbb{E}'_{\alpha+\Delta\alpha}$。并且对于 $0 \geq \Delta\alpha \to 0$, 亦有:

$$
\begin{aligned}
\left| \frac{1}{\lambda_1(\alpha + \Delta\alpha)} - \frac{1}{\lambda_1(\alpha)} \right| &= \left(K'_{\alpha+\Delta\alpha} |\tilde{\ell}'|, |\tilde{\ell}'| \right) - \left(K'_\alpha |\tilde{\ell}|, |\tilde{\ell}| \right) \\
&\leq \left(K'_{\alpha+\Delta\alpha} |\tilde{\ell}'|, |\tilde{\ell}'| \right) - \left(K'_\alpha |\tilde{\ell}'|, |\tilde{\ell}'| \right) \leq |\mathsf{S}|^2 \Delta K' \to 0
\end{aligned}
$$

这表明 $1/\lambda_1(\alpha) > 0$ 为 α 的连续函数, 所以 $\lambda_1(\alpha)$ 亦为 α 的连续函数。 □

推论 4.20 : 只存在唯一的实数 $\varrho \leq 0$, 使得 $\lambda_1(\varrho) = 1$。

证明: 推论 4.20 是引理 4.18 与 4.19 的明显结论。 □

引理 4.21 : $\forall \ell \in \mathbb{E}'_\alpha$, 有 $\ell(x) \neq 0$, $\forall x \in \mathsf{S}$。

证明: 我们证明 $\forall x_0 \in \mathsf{S}$, 有 $|\ell(x_0)| > 0$。因为 $\ell \in \mathbb{E}'_\alpha$, 所以至少存在一点 $x'_0 \in \mathsf{S}$, 使得 $|\ell(x'_0)| > 0$。若 $x_0 = x'_0$, 则 $|\ell(x_0)| = |\ell(x'_0)| > 0$。现在假设 $x_0 \neq x'_0$。

令 $K'_1(x, x', \alpha) = K'(x, x', \alpha) \geq 0$, 并且对于 $n > 1$ 定义 n 次叠核如下:

$$
K'_n(x, x', \alpha) = \int_\mathsf{S} K'_{n-1}(x, y, \alpha) K'(y, x', \alpha) \mathrm{d}s_y \geq 0
$$

其中, $\mathrm{d}s_y$ 是位于点 $y \in \mathsf{S}$ 处的房间界面微元。当然, $K'_n(x, x', \alpha)$ 是 $\mathsf{S} \times \mathsf{S}$ 上的连续函数, 它事实上可以详细写为:

$$
K'_n(x, x', \alpha) = \int_\mathsf{S} \cdots \int_\mathsf{S} \prod_{m=1}^n K'(x_{m-1}, x_m, \alpha) \mathrm{d}s_1 \cdots \mathrm{d}s_{n-1} \tag{4.22}
$$

其中, $x_0 = x$, $x_n = x'$, $\mathrm{d}s_m$ 为点 x_m 处的房间界面微元, $m = 1, 2, \cdots, n-1$, 并且被积函数 $\prod_{m=1}^n K'(x_{m-1}, x_m, \alpha) \geq 0$。

根据房间界面的连通性, 存在一个整数 $N = N(x_0, x'_0) \geq 1$ 与一个点列 $\xi_m \in \mathsf{S}$, $m = 0, 1, 2, \cdots, N$, 且 $\xi_0 = x_0, \xi_N = x'_0$, 使得 $\prod_{m=1}^N k(\xi_{m-1}, \xi_m) > 0$。根据连续性, 存在有限大小的连续界面面元 $\Delta\mathsf{S}_m \ni \xi_m$, $m = 1, 2, \cdots, N-1$,

使得 $\prod_{m=1}^{N} k(x_{m-1}, x_m) > 0$ 对所有 $x_m \in \Delta S_m$ 成立。因此由式 (4.22) 有：

$$K'_N(x_0, x'_0, \alpha) \geq \int_{\Delta S_1} \cdots \int_{\Delta S_{N-1}} \prod_{m=1}^{N} K'(x_{m-1}, x_m, \alpha) ds_1 \cdots ds_{N-1} > 0$$

根据连续性，存在有限大小的连续界面面元 $\Delta S' \ni x'_0$，对所有 $x' \in \Delta S'$，有 $K_N(x_0, x', \alpha)|\ell(x')| > 0$ 成立。

根据引理 4.18，有 $|\ell| \in \mathbb{E}'_\alpha$。于是，$|\ell(x)|$ 是 $K'_N(x, x', \alpha)$ 对应 $\lambda_1(\alpha)^N$ 的特征函数 (参见 [65] 中的定理 7.5.1)。所以有：

$$
\begin{aligned}
|\ell(x_0)| &= \lambda_1(\alpha)^N \int_S K'_N(x_0, x', \alpha)|\ell(x')| ds' \\
&\geq \lambda_1(\alpha)^N \int_{\Delta S'} K'_N(x_0, x', \alpha)|\ell(x')| ds' > 0
\end{aligned}
$$

其中，根据引理 4.18，有 $\lambda_1(\alpha) > 0$。 □

推论 4.22：对于任意实函数 $\ell \in \mathbb{E}'_\alpha$，要么 $\ell(x) > 0$，$\forall x \in S$；要么 $\ell(x) < 0$，$\forall x \in S$。

证明： 假设一个实函数 $\ell \in \mathbb{E}'_\alpha$，$\exists x_1 \in S$ 与 $\exists x_2 \in S$，使得 $\ell(x_1) > 0$ 且 $l(x_2) < 0$。则我们将会得到 $\ell' = |\ell| + \ell \in \mathbb{E}'_\alpha$，因为 $\ell'(x_1) = 2\ell(x_1) > 0$ 表明 $\ell' \not\equiv 0$。然而，这将带来一个矛盾：$\ell'(x_2) = 0$。

所以，任意实函数 $\ell \in \mathbb{E}'_\alpha$ 可以被写为 $\ell = s|\ell| = s \cdot \|\ell\| \cdot |\tilde{\ell}|$，其中，$s$ 是 ℓ 的符号，即 $s = +1$ 若 $\ell > 0$，否则 $s = -1$。 □

引理 4.23：存在唯一的归一化正函数 $\tilde{\psi} \in \mathbb{E}'_\alpha$。

证明： 设 $\tilde{\psi} \in \mathbb{E}'_\alpha$ 为一个归一化正函数。假设 $\tilde{\psi}' \in \mathbb{E}'_\alpha$ 是另一个归一化正函数并且 $\tilde{\psi} \neq \tilde{\psi}'$，于是将有 $\tilde{\psi} - \tilde{\psi}' \in \mathbb{E}'_\alpha$。根据推论 4.22，$\tilde{\psi} > \tilde{\psi}'$ 或 $\tilde{\psi} < \tilde{\psi}'$ 两者必然有一个成立，这将带来一个矛盾：$1 = \|\tilde{\psi}\| \neq \|\tilde{\psi}'\| = 1$。所以 $\tilde{\psi} \equiv \tilde{\psi}'$ 必然成立。另外，$\forall \ell \in \mathbb{E}'_\alpha$，$|\tilde{\ell}| \in \mathbb{E}'_\alpha$ 为一个归一化正函数，因此有 $|\tilde{\ell}| \equiv \tilde{\psi}$。 □

推论 4.24：$\lambda_1(\alpha)$ 的几何重数为 1。

证明：对于任意 $\ell = \ell_1 + i\ell_2 \in \mathbb{E}'_\alpha$，其中 ℓ_j 为实函数，$j = 1, 2$，则 $\ell_j \in \mathbb{E}'_\alpha$，若 $\|\ell_j\| \neq 0$，因为 $K'(x, x', \alpha) \in \mathbb{R}$。于是根据引理 4.22 与 4.23，可以得到：

$$\ell_j = s_j \|\ell_j\| \tilde{\psi}, \ j = 1, 2$$

其中，$s_j = \text{sgn}(\ell_j)$，若 $\|\ell_j\| \neq 0$，否则 $s_j = 0$；$\tilde{\psi} \in \mathbb{E}'_\alpha$ 是引理 4.23 中的唯一的归一化正函数。因此我们得到：

$$\ell = u\tilde{\psi} = (s_1 \|\ell_1\| + is_2 \|\ell_2\|) \tilde{\psi} \not\equiv 0$$

其中，$u = s_1 \|\ell_1\| + is_2 \|\ell_2\| \neq 0$。这表明 ℓ 与 $\tilde{\psi}$ 线性无关。　□

引理 4.25：$K'(x, x', \alpha)$ 不可能有非负的 L-特征函数，如果实数 $\alpha \neq \varrho$，其中，ϱ 是推论 4.20 中使得 $\lambda_1(\varrho) = 1$ 的唯一实数。

证明：设 $\ell \not\equiv 0$ 是 $K'(x, x', \alpha)$ 的一个实 L-特征函数。显然 ℓ 必定是 $K'(x, x', \alpha)$ 对应于 $1 = \lambda(\alpha) = \lambda_1(\varrho) \neq \lambda_1(\alpha)$ 的特征函数，当 $\alpha \neq \varrho$ 时。众所周知，厄米特核对应不同特征值的特征函数相互正交 (参见 [61] 中的命题 3.2.6)。于是，ℓ 正交于 $K'(x, x', \alpha)$ 对应 $\lambda_1(\alpha)$ 的归一化正特征函数，即引理 4.23 中的 $\tilde{\psi} \in \mathbb{E}'_\alpha$，因此 ℓ 不可能为非负函数。　□

引理 4.26：$|\lambda(p)| > \lambda_1(\alpha)$，其中 $p = \alpha + i\beta$ 且 $\beta = \text{Im}\{p\} \neq 0$。

证明：设 $\tilde{\ell} = \tilde{\ell}(x)$ 为 $K'(x, x', p)$ 对应于 $\lambda(p)$ 的归一化特征函数，于是有：

$$\left| \tilde{\ell}(x) \right| = |\lambda(p)| \cdot \left| \int_S \sqrt{\rho(x)\rho(x')} k(x, x') e^{-pR_{xx'}/c} \cdot \tilde{\ell}(x') ds' \right| \tag{4.23}$$

式 (4.23) 中被积分的复数为：

$$\begin{aligned} z(x, x') &= |z(x, x')| e^{i\vartheta(x, x')} \\ &= \sqrt{\rho(x)\rho(x')} k(x, x') e^{-\alpha R_{xx'}/c} |\tilde{\ell}(x')| e^{-i(\beta R_{xx'}/c - \text{Arg}\{\tilde{\ell}(x')\})} \end{aligned}$$

其中，$\mathrm{Arg}\{\tilde{\ell}(x')\}$ 为 $\tilde{\ell}(x')$ 的辐角主值，$\vartheta(x,x') = -\beta R_{xx'}/c + \mathrm{Arg}\{\tilde{\ell}(x')\}$ 为 $z(x,x')$ 的辐角。

$z(x,x')$ 是 S × S 上的连续函数，因为式 (4.23) 的积分号下都为连续函数。

将式 (4.23) 两侧乘以 $|\tilde{\ell}(x)|$，然后在 S 上积分，可以得到：

$$1 = \int_{\mathrm{S}} |\tilde{\ell}(x)|^2 \mathrm{d}s = |\lambda(p)| \cdot \int_{\mathrm{S}} \left| \int_{\mathrm{S}} z(x,x') \mathrm{d}s' \right| \cdot |\tilde{\ell}(x)| \cdot \mathrm{d}s \qquad (4.24)$$

$\forall x \in \mathrm{S}$，有：

$$0 \le Z(x) = \left| \int_{\mathrm{S}} z(x,x') \mathrm{d}s' \right| \le U(x) = \int_{\mathrm{S}} \left| z(x,x') \right| \mathrm{d}s' = K'_\alpha |\tilde{\ell}| \qquad (4.25)$$

综合式 (4.24) 与 (4.25)，我们得到：

$$
\begin{aligned}
0 < \frac{1}{|\lambda(p)|} &= \int_{\mathrm{S}} \left| \int_{\mathrm{S}} z(x,x') \mathrm{d}s' \right| \cdot |\tilde{\ell}(x)| \cdot \mathrm{d}s \le \left(K'_\alpha |\tilde{\ell}|, |\tilde{\ell}| \right) \\
&\le \max_{\|v\|=1} \left(K'_\alpha v, v \right) = \frac{1}{\lambda_1(\alpha)}
\end{aligned}
\qquad (4.26)
$$

显然，$\left(Z(x), \tilde{\ell} \right) > 0$ 表明存在这样的点 $x \in \mathrm{S}$，使得 $Z(x) \cdot \tilde{\ell}(x) > 0$。

事实上，式 (4.26) 中的第一个 "$\le$" 只可能为 "$<$"，使得 $|\lambda(p)| > \lambda_1(\alpha)$，因为相等将要求 $Z(x) = U(x) = K'_\alpha |\tilde{\ell}|$ 在每一个使得 $|\tilde{\ell}(x)| > 0$ 的点 $x \in \mathrm{S}$ 上成立，特别是在使得 $Z(x) \cdot |\tilde{\ell}(x)| > 0$ 的这些点 $x \in \mathrm{S}$ 上成立，而这是不可能的，解释如下。

在继续证明之前，先给出如下的注记。

注记 4.27：设 $f(x') \not\equiv 0$ 是 $x' \in \mathrm{S}$ 的连续复函数。$\int_{\mathrm{S}} |f(x')| \mathrm{d}s' = \left| \int_{\mathrm{S}} f(x') \mathrm{d}s' \right|$ 当且仅当"同相条件"满足时成立。"同相条件"的含义为：存在一个实常数 θ，使得 $\mathrm{Arg}\{f(x')\} = \theta$ 对于所有令 $f(x') \neq 0$ 的点 $x' \in \mathrm{S}$ 成立，其中，$\mathrm{Arg}\{f(x')\}$ 为 $f(x')$ 的辐角主值。

证明： 我们有

$$\int_{\mathrm{S}} f(x') \mathrm{d}s' = \left| \int_{\mathrm{S}} f(x') \mathrm{d}s' \right| \mathrm{e}^{\mathrm{i}\theta} \qquad (4.27)$$

其中, θ 为式 (4.27) 左侧积分的辐角主值, 一个对所有 $x' \in S$ 而言的实常数。
于是容易看出:

$$\left| \int_S f(x') \mathrm{d}s' \right| = \int_S f(x') \mathrm{e}^{-\mathrm{i}\theta} \mathrm{d}s' = \int_S \mathrm{Re}\{f(x') \mathrm{e}^{-\mathrm{i}\theta}\} \mathrm{d}s' \qquad (4.28)$$

且

$$\left| f(x') \right| - \mathrm{Re}\{f(x') \mathrm{e}^{-\mathrm{i}\theta}\} \geq \left| f(x') \right| - \left| f(x') \mathrm{e}^{-\mathrm{i}\theta} \right| = 0 \qquad (4.29)$$

综合式 (4.28) 与 (4.29), 可以得到:

$$\int_S \left| f(x') \right| \mathrm{d}s' - \left| \int_S f(x') \mathrm{d}s' \right| = \int_S \left(\left| f(x') \right| - \mathrm{Re}\{f(x') \mathrm{e}^{-\mathrm{i}\theta}\} \right) \mathrm{d}s' \geq 0$$

并且 "$\geq$" 中的 "$=$" 当且仅当第二个积分号下的数值对所有使 $f(x') \neq 0$ 的点
$x' \in S$ 为零, 即:

$$\left| f(x') \right| = \mathrm{Re}\{f(x') \mathrm{e}^{-\mathrm{i}\theta}\} = \mathrm{Re}\{ \left| f(x') \right| \mathrm{e}^{\mathrm{i}(\mathrm{Arg}\{f(x')\} - \theta)} \}$$

这表明 $\mathrm{Arg}\{f(x')\} = \theta$。 $\qquad\qquad\qquad\qquad\qquad\qquad\qquad \Box$

对于任意给定的 $x \in S$, 若使 $Z(x) \cdot |\tilde{\ell}(x)| > 0$, 则有 $z(x, x') \neq 0$。根据
注记 4.27, $Z(x) = U(x) = K'_\alpha |\tilde{\ell}|$ 要求 $\mathrm{Arg}\{z(x, x')\}$ 对于所有使得 $z(x, x') \neq 0$
的点 x' 为实常数 $\theta(x)$, 以满足 "同相条件", 即:

$$\begin{aligned} \mathrm{Arg}\{z(x, x')\} &= \vartheta(x, x') - 2n_{xx'}\pi \\ &= -\beta R_{xx'}/c + \mathrm{Arg}\{\tilde{\ell}(x')\} - 2n_{xx'}\pi = \theta(x) \qquad (4.30) \end{aligned}$$

其中, $n_{xx'}$ 为使 $-\pi < \mathrm{Arg}\{z(x, x')\} = \theta(x) \leq \pi$ 成立的整数。

若 $x \in S$ 不位于任何房间界面曲面的边界上 (或不是任何一个边界曲线的
端点), 我们称 x 是 S 的一个内点。当然, x 也是其自身在 S 上任意一个连续
开邻域的内点。由于 $Z(x) \cdot |\tilde{\ell}(x)|$ 为 $x \in S$ 的连续函数, 故总可以找到 S 的内

点 x，使得 $Z(x) \cdot |\tilde{\ell}(x)| > 0$。

设 y 为 S 的内点，使得 $Z(y) \cdot |\tilde{\ell}(y)| > 0$。根据连续性，总可以找到 y 的某个连续开邻域 $\Delta S_1 \subseteq S$，使得对所有 $x \in \Delta S_1$，有 $Z(x) \cdot |\tilde{\ell}(x)| > 0$。

$Z(y) > 0$ 意味着对于所有 $x' \in S$，有 $z(y, x') \neq 0$。根据连续性，亦可以找到 S 的一个内点 y'，使得 $z(y, y') \neq 0$，注意到有 $y \neq y'$，因为 $y = y'$ 将导致 $k(y, y') = 0$，从而 $z(y, y') = 0$。进一步，存在 y 的一个连续开邻域 $\Delta S_2 \subseteq S$ 以及 y' 的一个连续开邻域 $\Delta S' \subseteq S$，使得 $z(x, x') \neq 0$ 对于任意 $x \in \Delta S_2$ 和 $x' \in \Delta S'$ 成立，这里当然有 $\Delta S_2 \cap \Delta S' = \varnothing$。于是 $\Delta S = \Delta S_1 \cap \Delta S_2 \neq \varnothing$ 也是 y 的一个连续开邻域。可以看出 $Z(x) \cdot |\tilde{\ell}(x)| > 0$ 和 $z(x, x') \neq 0$ 对于任意 $x \in \Delta S$ 与 $x' \in \Delta S'$ 成立。注意到 ΔS 与 $\Delta S'$ 为两个有限面积的连续房间界面部分 (或有限长度的房间边界曲线段)。

任意选择一对不同的点 $x_\mu \in \Delta S$ 与 $x_\eta \in \Delta S$，分别用 (x_μ, x_η)，$x_\mu x_\eta$ 以及 $L_{\mu,\eta}$ 来表示该点对、连接它们的线段以及通过它们的直线。于是 $\forall x' \in \Delta S'$，式 (4.30) 导致：

$$R_{x_\mu x'} - R_{x_\eta x'} = \frac{c[\theta(x_\eta) - \theta(x_\mu)]}{\beta} + \frac{c\pi n_{x_\mu x_\eta x'}}{\beta} \tag{4.31}$$

此处偶数 $n_{x_\mu x_\eta x'} = 2n_{x_\eta x'} - 2n_{x_\mu x'}$。显然，有 $|R_{x_\mu x'} - R_{x_\eta x'}| \leq 2c_{\mu,\eta}$，其中，$2c_{\mu,\eta}$ 为 x_μ 与 x_η 之间的距离。

方程 (4.31) 代表了一系列相互分离的旋转双曲面 (或双曲线) 分支，它们具有共同的焦点 x_μ 与 x_η，若偶数 $n_{x_\mu x_\eta x'}$ 能够取一系列不同的值的话[63]。然而，作为一个房间界面的连续部分，$\Delta S'$ 只能位于某一旋转双曲面 (或某一双曲线) 分支上，这意味着 $\forall x' \in \Delta S'$，偶数 $n_{x_\mu x_\eta x'}$ 只能取同一个值 $n_{\mu,\eta}$。于是式 (4.31) 可以被改写为：

$$R_{x_\mu x'} - R_{x_\eta x'} = 2a_{\mu,\eta} = \frac{c[\theta(x_\eta) - \theta(x_\mu)]}{\beta} + \frac{c\pi n_{\mu,\eta}}{\beta} \tag{4.32}$$

其中，对所有点 $x' \in \Delta S'$，$a_{\mu,\eta}$ 为一个常数，并且有 $|a_{\mu,\eta}| \leq c_{\mu,\eta}$。我们使用

$\Lambda_{\mu,\eta}$ 来表示式 (4.32) 所定义的旋转双曲面 (或双曲线) 分支。

当 $0 < |a_{\mu,\eta}| < c_{\mu,\eta}$ 时, $\Lambda_{\mu,\eta}$ 是一个以 $L_{\mu,\eta}$ 为主轴的常规旋转双曲面 (或双曲线) 分支, 其为一个凸的曲面 (或曲线), 可以使用一个给定笛卡儿坐标系中的二次方程来描述。注意到这里为了阐述简单, 对于 $a_{\mu,\eta} = 0$ 与 $|a_{\mu,\eta}| = c_{\mu,\eta}$ 的每种情况, 亦将 $\Lambda_{\mu,\eta}$ 看作旋转双曲面 (或双曲线) 分支的一种特殊形式。事实上, 当 $a_{\mu,\eta} = 0$ 时, $\Lambda_{\mu,\eta}$ 退化为线段 $x_\mu x_\eta$ 的垂直平分面 (或垂直平分线)。而当 $|a_{\mu,\eta}| = c_{\mu,\eta}$ 时, $\Lambda_{\mu,\eta}$ 退化为以 x_μ 为起点且不经过 x_η 的位于 $L_{\mu,\eta}$ 上的射线, 若 $a_{\mu,\eta} = -c_{\mu,\eta}$; 或者以 x_η 为起点且不经过 x_μ 的位于 $L_{\mu,\eta}$ 上的射线, 若 $a_{\mu,\eta} = c_{\mu,\eta}$。在 $a_{\mu,\eta} = 0$ 与 $|a_{\mu,\eta}| = c_{\mu,\eta}$ 的所有情况下, $\Lambda_{\mu,\eta}$ 都可以用笛卡儿坐标系中的线性方程来描述。

对于 ΔS 上的任意两个点对, 例如 (x_μ, x_η) 与 $(x_{\mu'}, x_{\eta'})$, "同相条件" 将会要求 $\Delta S'$ 同时位于 $\Lambda_{\mu,\eta}$ 与 $\Lambda_{\mu',\eta'}$ 上, 即 $\Delta S' \subseteq \Lambda_{\mu,\eta} \cap \Lambda_{\mu',\eta'}$。于是我们可以选择某些点对来产生矛盾 $\Delta S' \not\subseteq \Lambda_{\mu,\eta} \cap \Lambda_{\mu',\eta'}$, 从而证明 "同相条件" 不能满足。如下文所示, 此问题——3 维的或 2 维的——可以通过 $\Lambda_{\mu,\eta}$ 与 $\Lambda_{\mu',\eta'}$ 的几何性质或者它们的方程进行研究。

在 3 维情况下, 由于 ΔS 是一个有限面积的连续曲面部分, 可以在 ΔS 上任意作一条不与自己相交的简单闭合曲线 C。首先, 在 C 上任意选择两个不同点 x_1 与 x_2。设平面 Υ 是线段 $x_1 x_2$ 的垂直平分面。显然 C 与 Υ 相交, 因为 x_1 与 x_2 分别位于 Υ 的两侧。并且 $C \cap \Upsilon$ 至少包含不同的两点, 因为 x_1 与 x_2 把 C 分割为两条简单曲线, 它们分别与 Υ 相交在不同的点上。接下来, 在 $C \cap \Upsilon$ 中任意选择不同的两点 x_3 与 x_4。显然直线 $L_{1,2}$ 与 $L_{3,4}$ 相互垂直。现在我们选择点对 (x_1, x_2) 与 (x_3, x_4), 并检查所有可能的 3 维情况。

(a) $0 < |a_{1,2}| < c_{1,2}$ 且 $0 < |a_{3,4}| < c_{3,4}$

在这种情况下, $\Lambda_{1,2}$ 与 $\Lambda_{3,4}$ 为两支常规的凸的旋转双曲面。它们的主轴, 即 $L_{1,2}$ 与 $L_{3,4}$, 相互垂直。由于 $\Delta S'$ 是一个有限面积的连续曲面部分, 它必然至少在任意三个相互垂直的平面之一上存在连续的有限面积的投影。换言之, 以下两种情形必发生其一。

情形 1: $\Delta S'$ 在任意一个垂直于 $L_{1,2}$ 的平面上具有一个连续有限面积的投影，或者 $\Delta S'$ 在任意一个垂直于 $L_{3,4}$ 的平面上具有一个连续有限面积的投影。

情形 2: $\Delta S'$ 位于一个同时垂直于 $L_{1,2}$ 与 $L_{3,4}$ 的平面上。

我们先分析情形 1。为不失一般性，设 $\Delta S'$ 在任意一个垂直于 $L_{1,2}$ 的平面上具有一个连续的有限面积的投影。选择由 u、v 与 w 轴构成的笛卡儿坐标系，坐标原点为线段 $x_1 x_2$ 的中点，u 与 w 轴分别平行于直线 $L_{1,2}$ 与 $l_{3,4}$。设 $\Delta S'_{\text{prj}}$ 为 $\Delta S'$ 在 vw 平面上的投影。

任意选择 $\Delta S'_{\text{prj}}$ 的一个内点 ξ，设 Υ_ξ 是通过 ξ 并垂直于 w 轴的平面。Υ_ξ 的方程为 $w = \xi_w$，其中，ξ_w 为 ξ 点的 w-坐标。因为 ξ 是 $\Delta S'_{\text{prj}}$ 的内点，故 $\Upsilon_\xi \cap \Delta S'_{\text{prj}}$ 至少包含一条线段。于是，至少存在有限长度的曲线 $C_\xi \subseteq \Delta S' \cap \Upsilon_\xi$，其在 vw 平面上的投影是 $\Upsilon_\xi \cap \Delta S'_{\text{prj}}$ 中上述线段的某一部分。

令 $C_{1,2} = \Lambda_{1,2} \cap \Upsilon_\xi$，$C_{3,4} = \Lambda_{3,4} \cap \Upsilon_\xi$。若 $\Delta S' \subseteq \Lambda_{1,2} \cap \Lambda_{3,4}$，则 $C_\xi \subseteq C_{1,2} \cap C_{3,4}$。

$\Lambda_{1,2}$ 的方程为:

$$\frac{u^2}{a_{1,2}^2} - \frac{v^2}{b_{1,2}^2} - \frac{w^2}{b_{1,2}^2} = 1 \tag{4.33}$$

其中，$b_{1,2}^2 = c_{1,2}^2 - a_{1,2}^2$。将 Υ_ξ 的方程 $w = \xi_w$ 代入式 (4.33)，可以得到 $C_{1,2} = \Lambda_{1,2} \cap \Upsilon_\xi$ 有如下规范形式的双曲线方程:

$$\frac{u^2}{a_{1,2}'^2} - \frac{v^2}{b_{1,2}'^2} = 1 \tag{4.34}$$

其中，$a_{1,2}'^2 = a_{1,2}^2(1 + \xi_w^2/b_{1,2}^2)$ 以及 $b_{1,2}'^2 = b_{1,2}^2(1 + \xi_w^2/b_{1,2}^2)$。

方程 (4.34) 表明 $C_{1,2}$ 是常规双曲线的一支，曲率从顶点到无穷远点单调递减的凸曲线。

$\Lambda_{3,4}$ 的顶点将其主轴 $L_{3,4}$ 分为两条射线。设 x_3 (或 x_4) 是 $\Lambda_{3,4}$ 的焦点中靠近顶点的一个。若 Υ_ξ 与包含点 x_4 (或 x_3) 的射线相交，则 $C_{3,4}$ 最多包含顶点，于是有 $C_\xi \nsubseteq C_{3,4}$，从而 $C_\xi \nsubseteq C_{1,2} \cap C_{3,4}$；否则，$C_{3,4}$ 为一个圆，即一条具有恒

定曲率的凸曲线，所以 $C_{1,2} \cap C_{3,4}$ 最多包含有限个点，因此 $C_\xi \not\subseteq C_{1,2} \cap C_{3,4}$。

事实上，设点 x_3 的坐标为 (u_3, v_3, w_3)，则该圆的方程可以写为：

$$(u - u_3)^2 + (v - v_3)^2 = r_\xi^2 \tag{4.35}$$

式中的圆半径 $r_\xi > 0$ 依赖于 $\Lambda_{3,4}$ 与 ξ。$C_{1,2} \cap C_{3,4}$ 是联立方程组 (4.34) 与 (4.35) 实数解集的子集。可以将 (4.34) 改写为：

$$u = \pm a'_{1,2} \sqrt{1 + \frac{v^2}{b'^2_{1,2}}} \tag{4.36}$$

将式 (4.36) 代入式 (4.35)，得到一个坐标 v 的 4 次方程。所以方程组 (4.34) 与 (4.35) 最多有 8 个实数解。但是注意到式 (4.36) 事实上代表了双曲线的两支，符号要么是 +，要么是 −，才能代表 $C_{1,2}$，所以 $C_{1,2} \cap C_{3,4}$ 最多包含 4 个点。于是可以得到 $\Delta S' \not\subseteq \Lambda_{1,2} \cap \Lambda_{3,4}$。

接下来我们利用上述直角坐标系来分析情形 2。

设 $\Delta S'$ 位于垂直于 v 轴的平面 Υ_v 上，即 $\Delta S' \subseteq \Upsilon_v$。设该平面方程为 $v = v_0$，其中，v_0 为一个实常数。将 $v = v_0$ 代入式 (4.33)，得到 $\Lambda_{1,2} \cap \Upsilon_v$ 的方程：

$$\frac{u^2}{a''^2_{1,2}} - \frac{v^2}{b''^2_{1,2}} = 1 \tag{4.37}$$

其中，$a''^2_{1,2} = a^2_{1,2}(1 + v_0^2/b^2_{1,2})$ 以及 $b''^2_{1,2} = b^2_{1,2}(1 + v_0^2/b^2_{1,2})$。方程 (4.37) 表明 $\Lambda_{1,2} \cap \Upsilon_v$ 是常规双曲线的一支。于是 $\Delta S' \not\subseteq \Lambda_{1,2} \cap \Upsilon_v$，因为 $\Delta S'$ 具有有限的面积。注意到 $\Delta S' \subseteq \Upsilon_v$，可得 $\Delta S' \not\subseteq \Lambda_{1,2}$，于是 $\Delta S' \not\subseteq \Lambda_{1,2} \cap \Lambda_{3,4}$。

(b) $|a_{1,2}| = c_{1,2}$ 或 $|a_{3,4}| = c_{3,4}$

若 $|a_{1,2}| = c_{1,2}$，则 $\Lambda_{1,2}$ 为 $L_{1,2}$ 上的一条射线。显然有 $\Delta S' \not\subseteq \Lambda_{1,2}$，从而 $\Delta S' \not\subseteq \Lambda_{1,2} \cap \Lambda_{3,4}$。若 $|a_{3,4}| = c_{3,4}$，则可以同理得到 $\Delta S' \not\subseteq \Lambda_{1,2} \cap \Lambda_{3,4}$。

(c) 其余情况

在其余的情况中，$\Lambda_{1,2}$ 与 $\Lambda_{3,4}$ 要么分别作为 $x_1 x_2$ 与 $x_3 x_4$ 的垂直平分面

的一对相互垂直的平面 (当 $a_{1,2} = 0$ 以及 $a_{3,4} = 0$ 时)；要么为一个平面与一个凸曲面（作为常规旋转双曲面的一支），且该平面平行于该旋转双曲面的主轴。于是，$\Lambda_{1,2} \cap \Lambda_{3,4}$ 要么是一条直线，要么是常规双曲线的一支。

例如，当 $a_{1,2} = 0, 0 < |a_{3,4}| < c_{3,4}$ 时，$\Lambda_{1,2}$ 正是平行于 $L_{3,4}$ 的平面 Υ，则 $\Lambda_{3,4}$ 为主轴为 $L_{3,4}$ 的常规旋转双曲面的一支。如情况 (a)，使用 $\Lambda_{1,2}$ 与 $\Lambda_{3,4}$ 的方程，可以得出 $\Lambda_{1,2} \cap \Lambda_{3,4}$ 为常规双曲线的一支。于是可以得到 $\Delta S' \not\subseteq \Lambda_{1,2} \cap \Lambda_{3,4}$。

现在设 S 为 2 维的房间界面。我们在 ΔS 上选择三个不同的点，x_1、x_2 与 x_3，来组成两个点对 (x_1, x_2) 与 (x_1, x_3)。

存在以下两种情形。

情形 1: ΔS 为一直线段，则任取三个不同点，必然有 $L_{1,2} = L_{1,3}$。

情形 2: ΔS 不是一直线段，则选择三点，使得 $L_{1,2}$ 与 $L_{1,3}$ 为仅相交于 x_1 的两条不同直线。

我们首先检查情形 1 下的 $|a_{1,2}| = c_{1,2}$ 与 $|a_{1,3}| = c_{1,3}$。在这种情况下，$\Lambda_{1,2}$ 与 $\Lambda_{1,3}$ 退化为 $L_{1,2}$ 上的两根射线。若 $\Delta S' \subseteq \Lambda_{1,2} \cap \Lambda_{1,3}$，则 $\Delta S'$ 将为一条直线段，与线段 ΔS 一起位于同一直线 $L_{1,2}$ 上。然而，这将会产生一个矛盾，即 $\forall x \in \Delta S$ 与 $x' \in \Delta S'$，有 $z(x, x') = 0$，因为根据第 4.2.1 节中的条件 ⑤ ，有 $k(x, x') = 0$。该矛盾表明 $\Delta S' \not\subseteq \Lambda_{1,2} \cap \Lambda_{1,3}$。

其余的情况中，$\Lambda_{1,2}$ 与 $\Lambda_{1,3}$ 可以被表示为在笛卡儿坐标系中的两个或线性或二次的不同方程。$\Lambda_{1,2}$ 与 $\Lambda_{1,3}$ 的联立方程组最多包含有限个点。所以有 $\Delta S' \not\subseteq \Lambda_{1,2} \cap \Lambda_{1,3}$。 □

定理 4.9 的证明: (i) 首先，$\lambda_1(\varrho) = 1$ 表示 ϱ 为 $K'(x, x', p)$ 某 m 阶 L-特征值 ($m \geq 0$) (见定义 4.5)，即 $\varrho = -\alpha_m \leq -\alpha_0$，$\varrho$ 为推论 4.20 中的唯一实数。

假设 $P = -\alpha_0 + \mathrm{i}\beta$ 是一个 0 阶 L-特征值且 $\beta \neq 0$。则基于引理 4.26 将得到: $\lambda_1(\varrho) = 1 = \lambda(P) = |\lambda(P)| > \lambda_1(-\alpha_0)$，根据引理 4.19 ，有 $\varrho > -\alpha_0$，这就产生了矛盾。

不存在任何 $P = -\alpha_0 + \mathrm{i}\beta \in \mathbb{P}$ 且 $\beta \neq 0$，这表明 α_0 是 $K'(x, x', p)$ 或 $K(x, x', p)$ 唯一的 0 阶 L-特征值，参考注记 4.17。事实上 $\varrho = -\alpha_0$ 必然成立，

因为 $\lambda_1(\varrho) = 1 = \lambda(-\alpha_0) \geq \lambda_1(-\alpha_0)$ 导致 $\varrho \geq -\alpha_0$。

(ii) 由于 $-\alpha_0$ 为一个实数，根据引理 4.23 与推论 4.24, $K'(x, x', -\alpha_0)$ 有唯一的归一化正 L-特征函数，$-\alpha_0$ 的几何重数为 1。

设 $\tilde{\psi}(x)$ 为 $K'(x, x', -\alpha_0)$ 唯一的归一化正 L-特征函数。则 $\tilde{\phi}(x) = \phi(x)/\|\phi(x)\|$ 为 $K(x, x', -\alpha_0)$ 唯一的归一化正 L-特征函数，其中 $\phi(x) = \tilde{\psi}(x)/\sqrt{\rho(x)}$，因为 $K(x, x', -\alpha_0)$ 的任何正 L-特征函数与 $\tilde{\phi}(x)$ 线性相关，归一化后便与 $\tilde{\phi}(x)$ 相同。

(iii) 设 $\tilde{\phi}(x)$ 为 $K(x, x', -\alpha_0)$ 唯一的归一化正 L-特征函数。对一个实数 $\alpha \neq -\alpha_0 = \varrho$，假设 $K(x, x', \alpha)$ 有一个 L-特征函数 $\sigma\tilde{\phi}(x)$，其中常数 $\sigma \neq 0$。

于是 $K'(x, x', -\alpha_0)$ 有一个正 L-特征函数 $\sqrt{\rho(x)}\tilde{\phi}(x)$，且 $K'(x, x', \alpha)$ 将有一个 L-特征函数 $\sigma\sqrt{\rho(x)}\tilde{\phi}(x)$。这意味着正函数 $\sqrt{\rho(x)}\tilde{\phi}(x)$ 本身将成为 $K'(x, x', \alpha)$ 的一个 L-特征函数，这与引理 4.25 相抵触。

(iv) 若 $\rho(x) \equiv 1$ 且 S 是一个封闭边界，则 $-\alpha_0 = 0$，且 $K(x, x', \alpha_0 = 0)$ 唯一的归一化正 L-特征函数为 $\tilde{\phi}(x) \equiv 1/\sqrt{|S|}$，这可以被齐次方程 $\int_S k(x, x')ds' \equiv 1$ 所验证 (见第 4.2.1 节的条件 ③)。

接下来令 $-\alpha_0 = 0$。可以得到：

$$
\begin{aligned}
\int_S \tilde{\phi}(x)\mathrm{d}s &= \int_S \int_S K(x, x', 0)\tilde{\phi}(x')\mathrm{d}s'\mathrm{d}s \\
&= \int_S \rho(x')\tilde{\phi}(x') \int_S k(x, x')\mathrm{d}s\mathrm{d}s'
\end{aligned} \tag{4.38}
$$

其中，$\tilde{\phi}(x)$ 为 $K(x, x', 0)$ 唯一的归一化正 L-特征函数。

考虑到连续性，第一种情况 $\rho(x) \not\equiv 1$ 或第二种情况 S 不封闭，意味着存在一个有限大小的界面面元 ΔS_0，使得 $\rho(x') < 1, \forall x' \in \Delta S_0$，或者 $\int_S k(x, x')\mathrm{d}s = \int_S k(x', x)\mathrm{d}s < 1$。上述任何一种情况都将导致矛盾，因为第一种情况将使得式 (4.38) 变为：

$$
\int_S \tilde{\phi}(x)\mathrm{d}s \leq \int_S \rho(x')\tilde{\phi}(x')\mathrm{d}s' < \int_S \tilde{\phi}(x')\mathrm{d}s'
$$

第二种情况将导致：

$$\int_S \tilde{\phi}(x) \mathrm{d}s \le \int_S \tilde{\phi}(x') \int_S k(x, x') \mathrm{d}s \mathrm{d}s' < \int_S \tilde{\phi}(x') \mathrm{d}s' \square$$

因此必然有 $-\alpha_0 < 0$。 $\square$

4.3.6 定理 4.10 的证明

显然，式 (4.18) 中的 $L'(x, p) = \sqrt{\rho(x)} L(x, p)$ 在任意点 $p \in \mathbb{C} - \mathbb{P}$ 解析且可以写为：

$$L'(x, p) = M'(x, p) + L'_d(x, p) = \int_S \Gamma'(x, x', 1, p) L'_d(x', p) \mathrm{d}s' + L'_d(x, p)$$

其中，$M'(x, p) = \sqrt{\rho(x)} M(x, p)$，$\Gamma'(x, x', 1, p) = \Gamma(x, x', 1, p) \sqrt{\rho(x)} / \sqrt{\rho(x')}$ 为方程 (4.18) 的预解核。

根据注记 4.12，$\Gamma'(x, x', 1, p)$ 与 $M'(x, p)$ 亦为 p 的亚纯函数。$\Gamma'(x, x', 1, p)$ 的极点集等于 $\mathbb{P}$，$M'(x, p)$ 与 $M(x, p)$ 的极点集相等。

设 $P \in \mathbb{P}$ 为 $\Gamma(x, x', 1, p)$ 的一个 w 阶极点 ($w \ge 1$)。注意到式 (4.11)，$\Gamma'(x, x', 1, p)$ 在点 P 足够小的去心邻域中的洛朗级数可以写为：

$$\Gamma'(x, x', 1, p) = \sum_{n=0}^{+\infty} a'_n(x, x')(p - P)^{n-w} \tag{4.39}$$

其中，$a'_n(x, x') = a_n(x, x') \sqrt{\rho(x)} / \sqrt{\rho(x')}$ 且 $a'_0(x, x') \not\equiv 0$。

注记 4.28：(i) 对于任意给定的 $x' \in S$ 与 $0 \le n \le w-1$，$a'_n(x, x') \in \mathbb{L}'_P$，若 $a'_n(x, x') \not\equiv 0$。

(ii) $\Gamma'(x, x', 1, p)$ 为复对称函数，即 $\Gamma'(x, x', 1, p) = \Gamma'(x', x, 1, p)$，$\forall p \in \mathbb{C} - \mathbb{P}$。

证明: (i) 注意到式 (4.14)，$a'_n(x, x')$ 可以写为函数 $l'_j(x) \in \mathbb{L}'_P$ 的线性组合:

$$a'_n(x, x') = a_n(x, x')\sqrt{\rho(x)}/\sqrt{\rho(x')} = \sum_{j=1}^{G} g'_{j,n}(x')l'_j(x) \tag{4.40}$$

其中，G 为 P 的几何重数，$g'_{j,n}(x') = g_{j,n}(x')/\sqrt{\rho(x')}$，$l'_j(x) = \sqrt{\rho(x)}l_j(x)$。显然有 $a'_n(x, x') \in \mathbb{L}'_P$，若 $a'_n(x, x') \not\equiv 0$。

(ii) 我们有 $\Gamma'(x, x', 1, p) = D'(x, x', 1, p)/D'(1, p)$。$D'(1, p)$ 与 $D'(x, x', 1, p)$ 分别为方程 (4.18) 的 Fredholm 行列式与一阶子式，它们可以通过将式 (4.8) 与 (4.9) 右侧中的 $K(x, x', p)$ 替换为复对称核 $K'(x, x', p)$ 而分别得到。所以，容易看出 $\Gamma'(x, x', 1, p)$ 是复对称的，$\forall p \in \mathbb{C} - \mathbb{P}$。 $\square$

引理 4.29：(i) $a'_n(x, x') = a'_n(x', x)$，$\forall n \geq 0$。

(ii) 若 P 的几何重数为 $G = 1$，则对于 $0 \leq n \leq w - 1$，有 $a'_n(x, x') = \sigma_n l'_1(x')l'_1(x)$，其中 $l'_1(x) \in \mathbb{L}'_P$，系数 $\sigma_n = 0$，若 $a'_n(x, x') \equiv 0$，或者 $\sigma_n \neq 0$ 依赖于 $l'_1(x)$。

证明: (i) 根据注记 4.28，对于在 P 的足够小的去心邻域中的点 p，我们有如下方程成立:

$$(p - P)^w \Gamma'(x, x', 1, p) = (p - P)^w \Gamma'(x', x, 1, p)$$

它可以被写为:

$$a'_0(x, x') + \sum_{n=1}^{+\infty} a'_n(x, x')(p - P)^n = a'_0(x', x) + \sum_{n=1}^{+\infty} a'_n(x', x)(p - P)^n$$

令 $p \to P$，则可以得到 $a_0(x, x') = a_0(x', x)$。

设 m 为一个整数，使得 $a'_n(x, x') = a'_n(x', x)$，若 $0 \leq n < m$。于是方程

$$(p - P)^{w-m} \Gamma'(x, x', 1, p) = (p - P)^{w-m} \Gamma'(x', x, 1, p)$$

可以被简化为：

$$a'_m(x, x') + \sum_{n=m+1}^{+\infty} a'_n(x, x')(p - P)^{n-m}$$

$$= a'_m(x', x) + \sum_{n=m+1}^{+\infty} a'_n(x', x)(p - P)^{n-m} \square$$

再次令 $p \to P$，可以得到 $a'_m(x, x') = a'_m(x', x)$。

因此有 $a'_n(x, x') = a'_n(x', x), \forall n \geq 0$。

(ii) 当 $G = 1$ 时，根据注记 4.28 与引理 4.29，$a'_n(x, x')$ 有如下形式：

$$a'_n(x, x') = g'_{n,1}(x')l'_1(x) = a'_n(x', x) = l'_1(x')g'_{n,1}(x) \tag{4.41}$$

这表明 $g'_{n,1}(x) \in \mathbb{L}'_P$，若 $a'_n(x, x') \not\equiv 0$。所以 $g'_{n,1}(x) = \sigma_n l'_1(x)$ 且有 $a'_n(x, x') = \sigma_n l'_1(x')l'_1(x)$。系数 $\sigma_n = 0$，若 $a'_n(x, x') \equiv 0$，或者 $\sigma_n \neq 0$ 依赖于 $l'_1(x)$。 $\square$

定理 4.10 的证明： 作为一个 L-特征值，$-\alpha_0$ 必然是预解核 $\Gamma(x, x', 1, p)$ 的一个极点，设极点的阶数为 $r \geq 1$。

根据引理 4.29 与定理 4.9，在 $-\alpha_0$ 足够小的去心邻域中，$\Gamma'(x, x', 1, p)$ 的洛朗级数可以写为：

$$\Gamma'(x, x', 1, p) = \tilde{\psi}(x')\tilde{\psi}(x) \sum_{n=0}^{r-1} \sigma_n(p + \alpha_0)^{n-r} + \sum_{n=r}^{+\infty} a'_n(x, x')(p + \alpha_0)^{n-r}$$

其中，$\tilde{\psi}(x)$ 为 $K'(x, x', -\alpha_0)$ 唯一的归一化正 L-特征函数且 $\sigma_0 \neq 0$。

$L'_d(x, p)$ 为 p 的整函数，在 $-\alpha_0$ 的邻域中可以展开为：

$$L'_d(x, p) = \sqrt{\rho(x)}L_d(x, p) = \sum_{m=0}^{+\infty} h'_m(x)(p + \alpha_0)^m$$

其中，$h'_m(x) = \frac{\sqrt{\rho(x)}}{m!} \frac{\partial^m L_d(x,p)}{\partial^m p}|_{p=-\alpha_0}$，而且因为 $0 \leq B_d(x, t) \not\equiv 0$，有 $h'_0(x) = L'_d(x, -\alpha_0) = \sqrt{\rho(x)}L_d(x, -\alpha_0) > 0$。

于是，在 $-\alpha_0$ 足够小的去心邻域中，$M'(x,p)$ 的洛朗级数可以写为：

$$
\begin{aligned}
M'(x,p) &= \int_{\mathrm S} \Gamma'(x,x',1,p)L_d'(x',p)\mathrm ds' \\
&= (p+\alpha_0)^{-r}\sigma_0\tilde\psi(x)\int_{\mathrm S}\tilde\psi(x')L_d'(x',-\alpha_0)\mathrm ds' \\
&\quad + \sum_{m=1}^{+\infty}(p+\alpha_0)^{m-r}\sigma_0\tilde\psi(x)\int_{\mathrm S}\tilde\psi(x')h_m'(x')\mathrm ds' \\
&\quad + \sum_{n=1}^{r-1}\sum_{m=0}^{+\infty}(p+\alpha_0)^{n+m-r}\sigma_n\tilde\psi(x)\int_{\mathrm S}\tilde\psi(x')h_m'(x')\mathrm ds' \\
&\quad + \sum_{n=r}^{+\infty}\sum_{m=0}^{+\infty}(p+\alpha_0)^{n+m-r}\sigma_n\int_{\mathrm S}a_n'(x,x')h_m'(x')\mathrm ds'
\end{aligned}
$$

$\forall x\in\mathrm S$，$(p+\alpha_0)^{-r}$ 项系数为：

$$
\sigma_0\tilde\psi(x)\int_{\mathrm S}\tilde\psi(x')L_d'(x',-\alpha_0)\mathrm ds'\neq 0 \tag{4.42}
$$

因为 $L_d'(x,-\alpha_0)>0$ 且 $\tilde\psi(x)>0$。在洛朗级数的其余部分都为 $(p+\alpha_0)^{-r'}$ 项且 $r'<r$。所以，$-\alpha_0$ 亦为 $M'(x,p)$ 或 $M(x,p)=M'(x,p)/\sqrt{\rho(x)}$ 的 r 阶极点，所以我们说 $-\alpha_0$ 是 $L(x,p)$ 的极点。

顺便一提的是，$\tilde\psi(x)$ 亦为 $\overline{K'(x',x,-\alpha_0)}=K'(x,x',-\alpha_0)$ 对应 $\overline{\lambda_1(-\alpha_0)}=\lambda_1(-\alpha_0)=1$ 的特征函数。式 (4.42) 表明 $L_d'(x,-\alpha_0)$ 不正交于 $\overline{K'(x',x,-\alpha_0)}$ 对应 $\overline{\lambda_1(-\alpha_0)}=1$ 的特征函数 (参见推论 4.24)。所以，$-\alpha_0$ 确实为 $L'(x,p)$ 与 $L(x,p)=L'(x,p)/\sqrt{\rho(x)}$ 的极点。　　　　　□

4.4　广义声学辐射度模型声场衰变结构

为简单起见，这里假定 $P\in\mathbb P$ 皆为 $L(x,p)$ 的简单极点 (即 1 阶极点)，且系统满足松弛条件。这一假定的存在性与合理性被第 4.5 节的例子所支持。

4.4.1 声场衰变的基本结构

设 $P = -\alpha + \mathrm{i}\beta \in \mathbb{P}, \beta = \mathrm{Im}\{P\} \neq 0$，根据定理 4.6 与 4.8，共轭的衰变模式的和如下：

$$
\begin{aligned}
\mathrm{Res}\{L(x, P)\mathrm{e}^{Pt}\} + \mathrm{Res}\{L(x, \overline{P})\mathrm{e}^{\overline{P}t}\} &= 2\mathrm{Re}\{L_P(x)\mathrm{e}^{Pt}\} \\
&= 2\Big[\mathrm{Re}\{L_P(x)\}\cos(\beta t) - \mathrm{Im}\{L_P(x,t)\}\sin(\beta t)\Big]\mathrm{e}^{-\alpha t} \\
&= J_P(x,t)\mathrm{e}^{-\alpha t} = A_P(x)\cos(\beta t + \phi_P(x))\mathrm{e}^{-\alpha t}
\end{aligned} \tag{4.43}
$$

其中，

$$
A_P(x) = 2\sqrt{\mathrm{Re}\{L_P(x)\}^2 + \mathrm{Im}\{L_P(x)\}^2}
$$
$$
\phi_P(x) = \arctan\left(\mathrm{Im}\{L_P(x)\}/\mathrm{Re}\{L_P(x)\}\right)
$$
$$
J_P(x,t) = A_P(x)\cos\left(\beta t + \phi_P(x)\right)
$$

实函数 $J_P(x,t)$ 是一个周期为 $\tau = 2\pi/\beta$ 的周期函数，代表了房间中的声反射引起的房间界面能量波动。

若实数 $P = -\alpha \in \mathbb{P}$，则有

$$
\mathrm{Res}\{L(x, P)\mathrm{e}^{Pt}\} = L_{-\alpha_n}(x)\mathrm{e}^{-\alpha_n t} \tag{4.44}
$$

根据推论 4.7，$L_{-\alpha}(x)$ 为一个实函数。

于是，实函数 $B(x,t)$ 可以进一步写为：

$$
\begin{aligned}
B(x,t) &= \sum_{n=0}^{+\infty} b_n(x,t)\mathrm{e}^{-\alpha_n t} \\
&= L_{-\alpha_0}(x)\mathrm{e}^{-\alpha_0 t} + \sum_{n=1}^{+\infty}\left[L_{-\alpha_n}(x) + \sum_{m=1}^{M_n} J_{P_{n,m}}(x,t)\right]\mathrm{e}^{-\alpha_n t}
\end{aligned} \tag{4.45}
$$

其中，M_n 为 n 阶共轭衰变模式的数量，显然根据定理 4.9，有 $M_0 = 0$。若 $-\alpha_n \notin \mathbb{P}$，则令 $L_{-\alpha_n}(x) \equiv 0$。

定义 4.30：称 $b_n(x,t)\mathrm{e}^{-\alpha_n t}$ 为 $B(x,t)$ 的 n 阶分量。

式 (4.45) 中全部为实数项，其中正项代表能量的增长，而负项代表能量的损失。式 (4.45) 表明，声场衰变的结构非常复杂，具有多种指数衰变成分。包含实指数与共轭复指数对衰变率。由于高阶分量更快消失，辐射度 $B(x,t)$ 逐渐趋向于它的 0 阶分量 $b_0(x)\mathrm{e}^{-\alpha_0 t}$，其中，$b_0(x) = L_{-\alpha_0}(x)$。归一化函数 $\tilde{b}_0(x) = b_0(x)/\|b_0(x)\|$ 代表房间界面上最终的辐射度相对分布。根据定理 4.9，$\tilde{b}_0$ 对给定的房间是唯一的，换言之，独立于声源的初始激励。

这里要指出的是：Kuttruff[43] 并没有给出一个严格的证明，为何其算法可以得出主衰变率并同时得到辐射度在房间界面上的终极相对分布。事实上，该算法假设了房间界面上的辐射度是理想实指数衰变的，并且界面辐射度分布是一个非负函数。从辐射度衰变结构来看，该算法实际上计算的是辐射度 $B(x,t)$ 的 0 阶分量，而定理 4.9 保证了解的存在与唯一性。

根据公式 (2.16)，初始激励后室内空间中任意一点 y 处的混响声能密度的衰变具有如下结构，其中由 n 阶衰变模式贡献形成的衰变分量称为室内 n 阶衰变分量：

$$
\begin{aligned}
E_r(y,t) &= \sum_{n=0}^{+\infty} \hat{b}_n(x,t)\mathrm{e}^{-\alpha_n t} \\
&= \hat{L}_{-\alpha_0}(y)\mathrm{e}^{-\alpha_0 t} + \sum_{n=1}^{+\infty}\left[\hat{L}_{-\alpha_n}(y) + \sum_{m=1}^{M_n}\hat{J}_{P_{n,m}}(y,t)\right]\mathrm{e}^{-\alpha_n t} \quad (4.46)
\end{aligned}
$$

其中，

$$
\begin{aligned}
\hat{L}_{-\alpha_n}(y) &= \frac{1}{c}\int_S \eta(x,y)\mathrm{e}^{\alpha_n R_{xy}/c} L_{-\alpha_n}(x)\mathrm{d}s \\
\hat{J}_{P_{n,m}}(y,t) &= \frac{1}{c}\int_S \eta(x,y)\mathrm{e}^{\alpha_n R_{xy}/c} J_{P_{n,m}}(x,t-R_{xy}/c)\mathrm{d}s
\end{aligned}
$$

将本书的理论与其他理论，特别是与波动声学相比较是有趣的。它们之间的异同可以帮助我们更加深入地理解声学辐射度模型。

在波动声学中，每一个衰变模式 (即室内的声压驻波) 具有一个实的衰变因

子 (damping factor) δ 和一个自然频率 (natural frequency) ω。在声学辐射度模型中，我们观察由一对复共轭 L-特征值 $P = -\alpha + \mathrm{i}\beta$ 与 $\overline{P}$ (其中 $\beta = \mathrm{Im}\{P\} \neq 0$) 对应的衰变模式形成的室内衰变分量。该分量一边以 $-\alpha$ 为衰变率进行指数衰变，一边以频率 β 进行波动。好像可以做一个简单类比，$-\alpha/2$ 的作用类似驻波的衰变因子 δ，而 $\beta/2$ 则类似自然频率 ω。于是，声学辐射度模型声场的这个衰变分量似乎代表了某个衰变的驻波。但是这个简单类比是不成立的。显然，当考虑由实的 L-特征值对应的实衰变模式贡献形成的声学辐射度模型声场衰变分量的时候，例如 0 阶的 L-特征值 $-\alpha_0$，可以看出衰变分量 $\hat{L}_{-\alpha_0}(y)\mathrm{e}^{-\alpha_0 t}$ 不能代表某个不具备自然频率的衰变驻波。

刚性封闭界面房间中的声场研究，通常是波动声学室内声场研究的开幕式。在结束本章之前，我们来研究一下具有刚性封闭界面房间中的辐射度模型声场，它可以对该声场衰变结构的认知给予更多启示。

根据定理 4.9 的 (iv)，0 阶衰变模式 $b_0(x)\mathrm{e}^{-\alpha_0 t}$ 是房间界面上一致的常数，即 $b_0(x) \equiv b_0$ 对于所有 $x \in \mathrm{S}$ 成立且 $-\alpha_0 = 0$。显然，0 阶衰变模式事实上并不衰变。所以，当房间中的高阶衰变分量逐渐消失时，室内声场逼近一个仅由不衰变的 0 阶衰变模式贡献形成的稳态声场。可证明该稳态声场为扩散声场。

刚性界面封闭房间内的扩散声场如图 4.1 所示，粗曲线代表一个由房间墙体构成的刚性封闭房间界面 S。设 y 是房间中任意一点。对于任何一个方向，总存在 S 上的一点 x 对 y 可视。点 x 处界面面元 $\mathrm{d}s$ 上的声学辐射度对 y 点处贡献的声强为 $\mathrm{d}I$，如箭头所示，沿着从 x 指向 y 的方向。虚线则示意了从其他一些方向到达 y 的声强。根据式 (2.14)，有 $\mathrm{d}I = \eta(x,y)b_0\mathrm{d}s = \frac{b_0}{\nu}\mathrm{d}\Omega$，其中 $\mathrm{d}\Omega$ 为面元 $\mathrm{d}s$ 对 y 所张的角度 (2 维) 或立体角 (3 维)。这显示任意方向上，单位立体角中房间界面上的可视点对室内 y 点处贡献的声强是一个与 y 位置无关的常数 b_0/ν。于是 y 处的声能密度也是一个与位置无关的常数 $E_r = (\int_\Omega \mathrm{d}I)/c = (\Omega b_0)/(c\nu)$，其中 Ω 是 S 对 y 所张的角度或立体角，即对于 2 维房间 $\Omega = 2\pi$，而对于 3 维房间 $\Omega = 4\pi$。b_0 可以基于能量守恒进行求解。稳态声场的总能量应该等于声源初始激励注入房间的能量，即 $E_r V = E_0 = \int_\mathrm{S}\int_{T_s}^{T_e} B_d(x,t)\mathrm{d}t\mathrm{d}s$，其中 V 为房间界面 S 围合的房间容积。于是有 $b_0 = \frac{c\nu}{\Omega} \cdot \frac{E_0}{V}$。

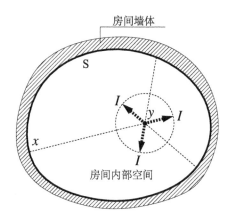

图 4.1　刚性界面封闭房间内的扩散声场

显然，在刚性界面的封闭房间内，高阶衰变分量的衰变并不意味着界面吸声引起的能量损失，而是表示初始声能被界面反射不断再分配到一个各向同性且均匀的分布，即扩散声场。这提供了一幅更清晰的画面来显示声学辐射度模型声场的衰变分量不能被简单认为是驻波。在非刚性或非封闭界面的房间中，衰变分量的衰变则同时由能量再分配与能量吸收两个因素所控制。

4.4.2　声场衰变结构的几何意义

在声学辐射度模型声场仿真中观察到的所谓声场松弛，其本质是声场衰变从复杂模式逐渐蜕变到 0 阶分量的纯粹理想的实指数衰变模式，因为高阶分量衰变更快。

根据定义 3.1，式 (4.45) 可以写为：

$$B(t) = b_0 + \sum_{n=1}^{+\infty} \left[b_n(t) e^{-(\alpha_n - \alpha_0)t} \right] \tag{4.47}$$

其中，$b_0 = \{b_0(x), x \in S\}$，$b_n(t) = \{b_n(x,t), x \in S\}$。

声学辐射度向量的 0 阶与 1 阶分量如果线性无关，则当 $t \to +\infty$ 时，松弛角主要由这两个分量所形成，如图 4.2 所示。在内积空间中，向量 b_0 与 $B(t)$ 构成一个三角形，向量 b_0 与 $B'(t) = b_0 + b_1(t)e^{-ht}$ 构成另一个三角形，其中

$h = \alpha_1 - \alpha_0$。当 $t \to +\infty$ 时，$\boldsymbol{B}(t) - \boldsymbol{B}'(t) = \sum_{n=2}^{\infty}[\boldsymbol{b}_n(t)\mathrm{e}^{-(\alpha_n-\alpha_0)t)}]$ 是 e^{-ht} 的高阶无穷小量。于是可以得到：

$$\Psi_t = \Psi_t' + o(\mathrm{e}^{-ht}), \quad \Psi_{t,t-s} = \Psi_{t,t-s}' + o(\mathrm{e}^{-ht}) \tag{4.48}$$

其中，$\Psi_t' = \angle\{\boldsymbol{B}'(t), \boldsymbol{b}_0\}$，$\Psi_{t,t-s}' = \angle\{\boldsymbol{B}'(t), \boldsymbol{B}'(t-s)\}$，$o(\mathrm{e}^{-ht})$ 表示 e^{-ht} 的高阶无穷小量。注意到 $\|\boldsymbol{B}'(t)\| \to \|\boldsymbol{b}_0\|$，$t \to +\infty$，对向量 $\boldsymbol{b}_0$ 与 $\boldsymbol{B}'(t)$ 构成的三角形使用正弦定理，则得到：

$$\Psi_t = \Psi_t' + o(\mathrm{e}^{-ht}) = \sin\theta_t \cdot \frac{\|\boldsymbol{b}_1(t)\|}{\|\boldsymbol{b}_0\|} \cdot \mathrm{e}^{-ht} + o(\mathrm{e}^{-ht}) \tag{4.49}$$

其中，$\theta_t = \angle\{\boldsymbol{b}_0, \boldsymbol{b}_1(t)\}$。显然，$\Psi_t$ 具有以 $-h$ 为衰变率的指数衰变趋势。

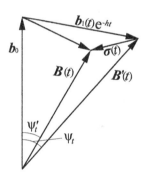

图 4.2 松弛角的构成

我们讨论两种简单的情况，用以解释仿真中观察到的声场松弛现象：

(a) 声学辐射度系统仅有一个 1 阶 L-特征值 $-\alpha_1$

根据定理 4.8 与 4.9，$\boldsymbol{b}_1 = \{L_{-\alpha_1}(x), x \in \mathrm{S}\}$ 是一个实常向量。于是有：

$$\Psi_t = \Psi_t' + o(\mathrm{e}^{-ht}) = \sin\theta \cdot \frac{\|\boldsymbol{b}_1\|}{\|\boldsymbol{b}_0\|} \cdot \mathrm{e}^{-ht} + o(\mathrm{e}^{-ht}) \tag{4.50}$$

其中，$\theta = \angle\{\boldsymbol{b}_0, \boldsymbol{b}_1\}$。

向量 $\boldsymbol{B}'(t)$, $\boldsymbol{B}'(t-s)$ 与 $\boldsymbol{b}_0$ 处于同一 2 维平面内 (即它们三者线性相关)，且 $\boldsymbol{B}'(t)$ 与 $\boldsymbol{B}'(t-s)$ 位于 $\boldsymbol{b}_0$ 的同一侧。这导致 $\Psi'_{t,t-s} = \Psi'_{t-s} - \Psi'_t$。于是有：

$$\Psi_{t,t-s} = (\mathrm{e}^{hs} - 1) \cdot \sin\theta \cdot \frac{\|\boldsymbol{b}_1\|}{\|\boldsymbol{b}_0\|} \cdot \mathrm{e}^{-ht} + o(\mathrm{e}^{-ht}) \tag{4.51}$$

$$RC(s) \to \lg\frac{\Psi^2_{t,t-s}}{2} = 2\lg\Psi_{t,t-s} - \lg 2 \to Ht + D, \quad t \to +\infty \tag{4.52}$$

其中，$H = -2h\lg\mathrm{e}$, $D = 2\lg\left[(\mathrm{e}^{hs} - 1) \cdot \sin\theta \cdot \|\boldsymbol{b}_1\|/\|\boldsymbol{b}_0\|\right] - \lg 2$。

式 (4.52) 显示 $RC(s)$ 曲线将逼近一条直线，斜率为 H，截距为 D。因此两根曲线 $RC(s_1)$ 与 $RC(s_2)$ 将保持一个固定的竖向距离：

$$D_{1,2} = 2\lg\left(\frac{\mathrm{e}^{hs_1} - 1}{\mathrm{e}^{hs_2} - 1}\right) \tag{4.53}$$

该论断被数值仿真结果所支持，例如，文献 [41] 中图 8 的 $RC(s)$ 曲线间的竖向距离满足式 (4.53)。

(b) 声学辐射度度系统仅有一对共轭的 1 阶 L-特征值

设 L-特征值为 $P_{1,1} = -\alpha_1 + \mathrm{i}\beta_{1,1}$，其中 $\beta_{1,1} > 0$，$P_{1,2} = \overline{P_{1,1}}$。此时有：

$$\boldsymbol{b}_1(t) = \boldsymbol{g}\cos\beta_{1,1}t - \boldsymbol{h}\sin\beta_{1,1}t \tag{4.54}$$

其中，$\boldsymbol{g} = \{2\mathrm{Re}\{L_{P_{1,1}}(x)\}, x \in \mathrm{S}\}$，$\boldsymbol{h} = \{2\mathrm{Im}\{L_{P_{1,1}}(x)\}, x \in \mathrm{S}\}$。

式 (4.54) 表示向量 $\boldsymbol{b}_1(t)$ 的端点沿着向量 $\boldsymbol{g}$ 与 $\boldsymbol{h}$ 的线性组合构成的超平面中的一个椭圆 (如图 4.3 中虚线所示) 周期性地运动，周期为 $T = 2\pi/\beta_{1,1}$。此时，θ_t 与 $\|b_1(t)\|$ 皆为 t 的周期函数。式 (4.49) 显示 Ψ_t 在具有指数衰变趋势的同时还具有周期性起伏。而 $\Psi_{t,t-s}$ 则一般具有如下形式：

$$\Psi_{t,t-s} = \vartheta_s(t)\mathrm{e}^{-ht} + o(\mathrm{e}^{-ht}) \tag{4.55}$$

其中，$\vartheta_s(t)$ 亦为一个周期为 T 的时间周期函数。

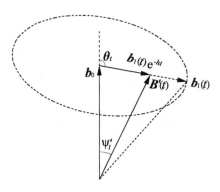

图 4.3　声场松弛的几何意义

于是，$RC(s)$ 具有斜率为 H 的下降趋势并且有周期性起伏：

$$RC(s) \to \lg \frac{\Psi_{t,t-s}^2}{2} = 2\lg \Psi_{t,t-s} - \lg 2 \to Ht + D_t' \tag{4.56}$$

其中，$D_t' = 2\lg \vartheta_s(t) - \lg 2$。距离 $D_{1,2}' = RC(s_1) - RC(s_2) = 2\lg \vartheta_{s_1}(t) - 2\lg \vartheta_{s_2}(t)$ 也是一个 t 的周期函数。

最后，尽管归一化的 0 阶声学辐射度分量是独立于初始激励的，但高阶分量则不然，这就导致了不同的声场松弛模式。这可以解释 $RC(s)$ 曲线在不同初始激励下表现出来的不同的斜率。一般地，我们有：

$$\Psi_t = \sin\theta_t \cdot \|\boldsymbol{b}_k(t)\| / \|\boldsymbol{b}_1\| \cdot \mathrm{e}^{-(\alpha_k - \alpha_0)t} + o\big(\mathrm{e}^{-(\alpha_k - \alpha_0)t}\big) \tag{4.57}$$

其中，$\theta_t = \angle\{\boldsymbol{b}_k(t), \boldsymbol{b}_0\}$ 与 $\boldsymbol{b}_k(t)$ 是 $\boldsymbol{B}(t)$ 中阶数最小的与 $\boldsymbol{b}_0$ 线性无关的分量。$RC(s)$ 曲线以斜率 $-(\alpha_k - \alpha_0)$ 下降，并伴以包含在 $\boldsymbol{b}_k(t)$ 中的周期起伏。

4.5　案例: 球形空间中的声场衰变

4.5.1　一般分析

设半径为 R 的球形空间边界 S 上有均匀分布的反射系数 ρ。一个常数初始激励 $B_0 > 0$ 在时间 $t \in [T_s, T_e]$ 内均匀作用在 S 上, 即 $B_d(x,t) = B_d(t) = B_0[H(t-T_s)-H(t-T_e)]$, 其中 $H(t)$ 为赫维赛德 (Heaviside) 函数。这样的初始激励可以由球心处的无指向性点声源产生。此时, 声学辐射度 $B(x,t) = B(t)$ 在边界 S 上是均匀分布的。

如图 4.4 所示, 在球形空间中, 对任意 $x \neq x'$ 有 $k(x,x') = 1/(4\pi R^2)$。于是, 式 (4.1) 与 (4.3) 转化为:

$$B(t) = \frac{\rho}{4\pi R^2} \int_S B(t - R_{xx'}/c)\mathrm{d}s' + B_d(t) \tag{4.58}$$

$$L(p) = \frac{\rho}{4\pi R^2} \int_S \mathrm{e}^{-pR_{xx'}/c}L(p)\mathrm{d}s' + L_d(p) \tag{4.59}$$

且

$$L_d(p) = \int_{T_s}^{T_e} \sqrt{\rho}B_0\mathrm{e}^{-pt}\mathrm{d}t = \sqrt{\rho}B_0\frac{\mathrm{e}^{-T_s p} - \mathrm{e}^{-T_e p}}{p} \tag{4.60}$$

其中, $L_d(p)$ 为 p 的整函数且没有零点, $L_d(0) = B_0(T_e - T_s)$。于是有:

$$L(p) = \frac{L_d(p)}{A(p)} = \frac{L_d(p)}{1 - \frac{\rho}{4\pi R^2} \int_S \mathrm{e}^{-pR_{xx'}/c}\mathrm{d}s'} \tag{4.61}$$

如图 4.4 所示, 设 x 为球上任一固定点。取球心为原点、通过 x 点与球心的直线为球坐标轴。令 x' 点为极角为 $\varphi = 2\theta$ 的点, $\mathrm{d}s'$ 为所有这些 x' 点构成的面元, 则可解出:

$$A(p) = 1 - 2\rho\Big[q^{-2} - (q^{-1} + q^{-2})\mathrm{e}^{-q}\Big] = A(q/\xi) \tag{4.62}$$

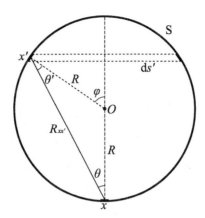

图 4.4 球形空间界面面元关系

其中, $\xi = 2R/c$, $q = \xi p$ 。

$A(p)$ 也是 p 的整函数, 且 $A(p) \to 1 - \rho$, $p \to 0$ 。所以, $p = 0$ 仅当 $\rho = 1$ 时才可能成为 $A(p)$ 的零点:

$$\dot{A}(p) = \frac{\mathrm{d}A}{\mathrm{d}p} = \xi \frac{\mathrm{d}A}{\mathrm{d}q} = -2\rho\xi q^{-3}\Big[(q^2 + 2q + 2)\mathrm{e}^{-q} - 2\Big] \tag{4.63}$$

容易证明 $\dot{A}(p) \neq 0$ 。所以, $A(p)$ 仅可能存在 1 阶零点。对于任意 L-特征值 P , 它必然是 $L(p)$ 的 1 阶极点, 有 $\mathrm{Res}\{L(P)\} = L_d(P)/\dot{A}(P)$ 。

对于 $\alpha \in \mathbb{R}$, 实连续函数 $\dot{A}(\alpha) \neq 0$ 必须保持相同的符号, 于是实连续函数 $A(\alpha)$ 是严格单调的。从而, $-\alpha_0$ 是 $L(p)$ 唯一的实 L-特征值, 可以通过 $A(-\alpha_0) = 0$ 进行求解, 或者详细地说:

$$\frac{1}{2\rho} = -\xi\alpha_0\Big[(1 - \xi\alpha_0)\mathrm{e}^{\xi\alpha_0} - \xi\alpha_0\Big] \tag{4.64}$$

式 (4.64) 事实上与 Carroll 与 Chien[50] 得到的式子等价, 而他们做了声场为理想指数衰变的简化假设。

4.5.2 松弛条件的证明

如图 4.5 所示，在复平面 $q = \xi p = \sigma + \mathrm{i}\zeta$ 中，$\sigma, \zeta \in \mathbb{R}$，考虑曲线集 $\{D_n = D_{n,1} + D_{n,2} | n = 1, 2, \cdots, +\infty\}$。对任意给定的 n，$D_{n,1}$ 为一条直线段，起点为 $q_{n,1} = 1 - 2n\pi\mathrm{i}$，终点为 $q_{n,2} = \overline{q_{n,1}} = 1 + 2n\pi\mathrm{i}$，$D_{n,2}$ 由 4 条直线段 $q_{n,2}q_{n,3}$，$q_{n,3}q_{n,4}$，$q_{n,3}q_{n,4}$ 与 $q_{n,4}q_{n,5}$ 构成，其中，$q_{n,3} = -2n\pi + 2n\pi\mathrm{i}$，$q_{n,4} = -2n\pi$，$q_{n,5} = \overline{q_{n,3}} = -2n\pi - 2n\pi\mathrm{i}$。曲线 D_n 对应于 $p = q/\xi$ 的复平面中的曲线 $C_n = C_{n,1} + C_{n,2} = \{p = q/\xi | q \in D_n\}$。

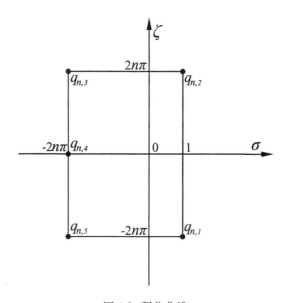

图 4.5 积分曲线

注意到 $L(\bar{p})\mathrm{e}^{\bar{p}t} = \overline{L(p)\mathrm{e}^{pt}}$，我们有：

$$\int_{C_{n,2}} \left| L(p)\mathrm{e}^{pt} \right| \cdot |\mathrm{d}p| = 2\left(\int_{p_{n,2}p_{n,3}} + \int_{p_{n,3}p_{n,4}} \right) \left| L(p)\mathrm{e}^{pt} \right| \cdot |\mathrm{d}p| \qquad (4.65)$$

这表明，我们仅需要考虑 p 复平面中线段 $p_{n,2}p_{n,3}$ 与 $p_{n,3}p_{n,4}$ 上的积分，或等价地，$q = \xi p$ 复平面中线段 $q_{n,2}q_{n,3}$ 与 $q_{n,3}q_{n,4}$ 上的积分。

对于点 $q \in D_{n,2}$, 有 $\left|\frac{q}{q+1}\right| \to 1 < 2, n \to +\infty$。所以, 当 n 足够大时, 有:

$$
\left|L(p)\mathrm{e}^{pt}\right| = \left|L(\tfrac{q}{\xi})\mathrm{e}^{\frac{q}{\xi}t}\right| = \xi B_0 \left|\frac{q}{q+1} \cdot \frac{\mathrm{e}^{\frac{q}{\xi}(t-T_s)} - \mathrm{e}^{\frac{q}{\xi}(t-T_e)}}{q-1+2\rho\mathrm{e}^{-q}+(1-2\rho)/(q+1)}\right|
$$

$$
< \; 2\xi B_0 \frac{\mathrm{e}^{\frac{\sigma}{\xi}(t-T_s)} + \mathrm{e}^{\frac{\sigma}{\xi}(t-T_e)}}{\left|q-1+2\rho\mathrm{e}^{-q}+(1-2\rho)/(q+1)\right|} := F(q) \tag{4.66}
$$

因 $\frac{1-2\rho}{q+1} = 0$, 若 $\rho = 1/2$ 或 $\frac{1-2\rho}{q+1} \to 0$, $n \to +\infty$, 总有 $\left|\frac{1-2\rho}{q+1}\right| \le 1$, 当 n 变得足够大时。

① 在线段 $q_{n,2}q_{n,3}$ 上, $q = \sigma + 2n\pi\mathrm{i}$, $-2n\pi \le \sigma \le 1$, 当 n 足够大时, 有:

$$
\begin{aligned}
F(q) &\le 2\xi B_0 \frac{\mathrm{e}^{\frac{\sigma}{\xi}(t-T_s)} + \mathrm{e}^{\frac{\sigma}{\xi}(t-T_e)}}{\left|\left|\sigma+2n\pi\mathrm{i}-1+2\rho\mathrm{e}^{-\sigma}\right| - \left|(1-2\rho)/(q+1)|\right)\right|} \\
&\le 2\xi B_0 \frac{\mathrm{e}^{\frac{\sigma}{\xi}(t-T_s)} + \mathrm{e}^{\frac{\sigma}{\xi}(t-T_e)}}{\sqrt{(2n\pi)^2+(\sigma-1+2\rho\mathrm{e}^{-\sigma})^2}-1} \\
&\le 2\xi B_0 \frac{\mathrm{e}^{\frac{\sigma}{\xi}(t-T_s)} + \mathrm{e}^{\frac{\sigma}{\xi}(t-T_e)}}{2n\pi-1}
\end{aligned} \tag{4.67}
$$

$F(q)$ 有界表明线段 $q_{n,2}q_{n,3}$ 没有通过 $L(q/\xi)$ 的任意极点, 等价地说, 线段 $p_{n,2}p_{n,3}$ 也没有通过 $L(p)$ 的任何极点。并且对于 $t > T_e$, 有:

$$
\begin{aligned}
I_{n,1} &= \int_{p_{n,2}p_{n,3}} \left|L(p)\mathrm{e}^{pt}\right| \cdot |\mathrm{d}p| = \frac{1}{\xi}\int_{q_{n,2}q_{n,3}} \left|L(\tfrac{q}{\xi})\mathrm{e}^{\frac{q}{\xi}t}\right| \cdot |\mathrm{d}q| \\
&\le \frac{2B_0}{2n\pi-1}\int_{-2n\pi}^{1}\left[\mathrm{e}^{\frac{\sigma}{\xi}(t-T_s)} + \mathrm{e}^{\frac{\sigma}{\xi}(t-T_e)}\right] \cdot \mathrm{d}\sigma
\end{aligned}
$$

$$
< \; \frac{2\xi B_0}{2n\pi-1}\cdot\left[\frac{\mathrm{e}^{\frac{t-T_s}{\xi}}}{t-T_s} + \frac{\mathrm{e}^{\frac{t-T_e}{\xi}}}{t-T_e}\right] \to 0, \quad n \to +\infty \tag{4.68}
$$

② 在线段 $q_{n,3}q_{n,4}$ 上，$q = -2n\pi + \mathrm{i}\zeta, 0 \le \zeta \le 2n\pi$，当 n 足够大时，有：

$$
\begin{aligned}
F(q) &\le 2\xi B_0 \frac{\mathrm{e}^{-2n\pi\frac{t-T_s}{\xi}} + \mathrm{e}^{-2n\pi\frac{t-T_e}{\xi}}}{\left| |2\rho\mathrm{e}^{2n\pi-\mathrm{i}\zeta} - 2n\pi - 1| - |(1-2\rho)/(q+1)| \right|} \\
&\le 4\xi B_0 \frac{\mathrm{e}^{-\frac{2n\pi}{\xi}(t-T_e)}}{\left| \rho\mathrm{e}^{2n\pi} + (\rho\mathrm{e}^{2n\pi} - 2n\pi - 2) \right|} \le \frac{4\xi B_0}{\rho\mathrm{e}^{2n\pi(\frac{t-T_e}{\xi}+1)}} \quad (4.69)
\end{aligned}
$$

注意到 $\rho\mathrm{e}^{2n\pi}$ 是 $2n\pi$ 的高阶无穷大，$n \to +\infty$。对于 $t > T_e$，有：

$$
\begin{aligned}
I_{n,2} &= \int_{p_{n,3}p_{n,4}} \left| L(p)\mathrm{e}^{pt} \right| \cdot |\mathrm{d}p| = \frac{1}{\xi} \int_{q_{n,3}q_{n,4}} \left| L\left(\frac{q}{\xi}\right)\mathrm{e}^{\frac{q}{\xi}t} \right| \cdot |\mathrm{d}q| \\
&\le \frac{4B_0}{\rho\mathrm{e}^{2n\pi(\frac{t-T_e}{\xi}+1)}} \int_0^{2n\pi} \mathrm{d}\zeta = \frac{8n\pi B_0}{\rho\mathrm{e}^{2n\pi(\frac{t-T_e}{\xi}+1)}} \to 0, \quad n \to +\infty \quad (4.70)
\end{aligned}
$$

综合 ① 和 ②，可知 $C_{n,2}$ 没有通过 $L(p)$ 的任何极点，而且对于任意 $t \ge T_e$，有：

$$
\begin{aligned}
\left| \int_{C_{n,2}} L(p)\mathrm{e}^{pt}\mathrm{d}p \right| &\le \int_{C_{n,2}} \left| L(p)\mathrm{e}^{pt} \right| \cdot |\mathrm{d}p| \\
&< 2(I_{n,1} + I_{n,2}) \to 0, n \to +\infty \quad (4.71)
\end{aligned}
$$

式 (4.71) 表明松弛条件对于 $t > T_e$ 成立。 $\qquad\square$

4.5.3　两个吸声系数下的案例

(1) $\rho = 1$

现在有 $A(0) = 0$。对于 $p \ne 0$，方程 $A(p) = 0$ 等价于：

$$
q^2 - 2 + 2(q+1)\mathrm{e}^{-q} = 0 \quad (4.72)
$$

或两个联立的方程:

$$(\sigma^2 - \zeta^2)/2 - 1 + \Big[(\sigma + 1)\cos\zeta + \zeta\sin\zeta\Big]\mathrm{e}^{-\sigma} = 0 \tag{4.73a}$$

$$\sigma\zeta - \Big[(\sigma + 1)\sin\zeta - \zeta\cos\zeta\Big]\mathrm{e}^{-\sigma} = 0 \tag{4.73b}$$

其中, $q = \xi p = \sigma + \mathrm{i}\zeta$。

方程 (4.72) 的解可以用 q 的复平面内的图形表示。图 4.6 中, 细曲线与粗曲线分别代表方程 (4.73a) 与 (4.73b), 虚线代表的方程如下:

$$\frac{(\sigma^2 + \zeta^2)^2 - 4\sigma^2 + 4\zeta^2}{(\sigma + 1)^2 + \zeta^2} = 4\mathrm{e}^{-2\sigma} \tag{4.74}$$

它是使用 $\sin^2\zeta + \cos^2\zeta = 1$ 从方程 (4.73a) 与 (4.73b) 中推导得来的。

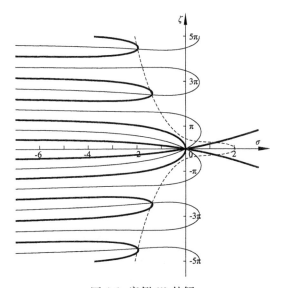

图 4.6 案例 (1) 的解

简单地从图中虚线的趋势来看, L-特征值的阶数是无限的, 而且每 n 阶 L-特征值都以共轭复数对的形式出现 ($n \geq 1$)。

(2) $\rho = 1/2$

此时 $A(0) \neq 0$。对于 $q \neq 0$，$A(p) = 0$ 等价于:

$$(q+1)(q-1+\mathrm{e}^{-q}) = 0 \tag{4.75}$$

$q - 1 + \mathrm{e}^{-q} = 0$ 等价于:

$$\sigma - 1 + \mathrm{e}^{-\sigma}\cos\zeta = 0 \tag{4.76a}$$
$$\zeta - \mathrm{e}^{-\sigma}\sin\zeta = 0 \tag{4.76b}$$

如图 4.7 所示，细曲线与粗曲线分别代表方程 (4.76a) 与 (4.76b)，虚线代表从它们中推导出的方程:

$$\zeta^2 + (\sigma-1)^2 = \mathrm{e}^{-2\sigma} \tag{4.77}$$

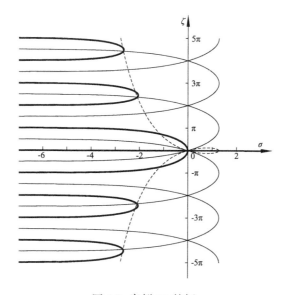

图 4.7　案例 (2) 的解

同样，L-特征值阶数是无限的，而且阶数 $n \geq 1$ 的 L-特征值以共轭复数对的形式出现。

可以解出: $-\alpha_0 = 0$ ，当 $\rho = 1$ 时; $-\alpha_0 = -1/\xi$ ，当 $\rho = 1/2$ 时。$n \geq 1$ 阶 L-特征值 $P_{n,1} = -\alpha_n + \mathrm{i}\beta_{n,1}$ 可以进行数值求解。q 复平面中的部分 L-特征值列在表 4.1 中。

$B(t)$ 则可以表示为:

$$B(t) = b_0 \mathrm{e}^{-\alpha_0 t} + 2 \sum_{n=1}^{+\infty} \left| b_{n,1} \right| \cos(\beta_{n,1} t + \varphi_{n,1}) \mathrm{e}^{-\alpha_n t} \tag{4.78}$$

其中,

$$b_{n,1} = \frac{L_d(P_{n,1})}{\sqrt{\rho} \dot{A}(P_{n,1})}, \quad \varphi_{n,1} = \arctan \frac{\mathrm{Im}\{b_{n,1}\}}{\mathrm{Re}\{b_{n,1}\}} \tag{4.79}$$

$$b_0 = \frac{L_d(-\alpha_0)}{\sqrt{\rho} \dot{A}(-\alpha_0)} = \begin{cases} 3(T_e - T_s)B_0/(2\xi), & \rho = 1 \\ \sqrt{2}(\mathrm{e}^{T_e/\xi} - \mathrm{e}^{T_s/\xi})B_0/(\mathrm{e} - 2), & \rho = 1/2 \end{cases} \tag{4.80}$$

表 4.1 变量 q 的复平面中的 L-特征值

阶数	$\rho = 1$	$\rho = 1/2$
0	0	-1
1	$-1.3921 \pm 7.5530\mathrm{i}$	$-2.0888 \pm 7.4615\mathrm{i}$
2	$-1.9678 \pm 13.9286\mathrm{i}$	$-2.6641 \pm 13.8791\mathrm{i}$
3	$-2.3311 \pm 20.2579\mathrm{i}$	$-3.0263 \pm 20.2238\mathrm{i}$
4	$-2.5971 \pm 26.5692\mathrm{i}$	$-3.2917 \pm 26.5432\mathrm{i}$
5	$-2.8070 \pm 32.8716\mathrm{i}$	$-3.5013 \pm 32.8505\mathrm{i}$
6	$-2.9805 \pm 39.1687\mathrm{i}$	$-3.6745 \pm 39.1511\mathrm{i}$
7	$-3.1283 \pm 45.4626\mathrm{i}$	$-3.8222 \pm 45.4474\mathrm{i}$
8	$-3.2571 \pm 51.7543\mathrm{i}$	$-3.9508 \pm 51.7409\mathrm{i}$
9	$-3.3712 \pm 58.0443\mathrm{i}$	$-4.0648 \pm 58.0324\mathrm{i}$
...	...	...

注记 4.31: 事实上，从第 4.4.1 小节关于扩散声场的讨论可以得知，如果封闭空间界面上的声学辐射度均匀分布，则该空间中的混响声场就是一个扩散声

场。于是这里讨论的球形空间两种案例中的声场都是扩散声场。而式 (4.78) 从数学上严格证明了一个扩散声场的声衰变也并非是单一指数衰变，一般会包含无穷多衰变分量，并且一边衰变一边振荡。

4.6 媒质吸收

在上述声学辐射度方程 (2.12) 或广义声学辐射度方程 (4.1) 中，没有考虑媒质吸声的作用，我们把这一因素放在这里分析。

设单位时间的媒质吸声指数为 μ，则广义声学辐射度方程 (4.1) 应改写为：

$$B'(x,t) = \int_S \rho(x')k(x,x')B'(x',t - R_{xx'}/c)e^{-\mu R_{xx'}/c}ds' + B'_d(x,t) \quad (4.81)$$

其中，声学辐射度 $B'(x,t)$ 与初始激励 $B'_d(x,t)$ 都包含了媒质吸收的作用。

事实上，式 (4.81) 可以被转换为式 (4.1) 的形式，只要定义 $B(x,t) = B'(x,t)e^{\mu t}$ 与 $B_d(x,t) = B'_d(x,t)e^{\mu t}$。

我们称式 (4.1) 代表的系统为式 (4.81) 的关联系统。一个包含了媒质吸收的系统可以通过其关联系统来研究。当关联系统满足松弛条件时，则有：

$$B'(x,t) = B(x,t)e^{-\mu t} = \sum_{n=0}^{+\infty} b_n(x,t)e^{-(\alpha_n + \mu)} \quad (4.82)$$

式 (4.82) 表明，系统各阶衰变分量的衰变率增大为 $\alpha_n + \mu$，但是松弛角的衰变率却不变，因为有 $(\alpha_n + \mu) - (\alpha_0 + \mu) = \alpha_n - \alpha_0$，并且房间界面上能量的相对分布不受媒质吸收的影响。

最后，在计算室内声场中点 y 处的混响声能时，则要使用媒质衰减下的效率 $\eta'(y,x) = \eta(y,x)e^{-\mu R_{xy}/c}$ 代替 $\eta(y,x)$。

注记 4.32：一个包含媒质吸收的声学辐射度模型系统可以通过不考虑媒质吸收的关联系统进行研究，于是在分析声学辐射度模型声场时，可以统一使用无媒质吸收的形式。

第5章　声学辐射度模型的应用实例

本章给出几个声学辐射度模型的应用实例。

实例1是研究球形空间中扩散边界对室内语言清晰度的改善效果。为定量分析扩散反射界面对球形空间内语言清晰度的改善作用，分别采用解析法与声学辐射度模型，比较镜面与扩散反射界面球形空间内的脉冲响应和明晰度 C_{50}，并将球形空间与立方体空间进行对比。结果表明，相比于镜面反射界面，扩散反射界面能够在整体上提高 C_{50} 值，尤其是在接近球心的声聚焦区域，但是界面反射模式引起的改善不如形体引起的改善有效。

实例2则是将声学辐射度模型用于街道噪声预测。为控制临街高大厂房内空气噪声通过围护结构向相邻街道的透射传播，需在建筑设计阶段预测该噪声引起的街道声场，以确定隔声降噪措施。根据相关声场的特点，实例2给出了一个综合仿真模型来计算厂房内噪声对街道声场的贡献，模型核心在于将声场界面进行离散化求解，并对声能透射与反射的指向性进行合理简化，使其可有效处理复杂的声场空间几何形状及声学特性的不均匀分布。

实例3从混响特性、声压级以及语言清晰度三个方面对声源偏心的球形空间声场进行研究，探讨了扩散反射界面对声聚焦的影响。结果表明，球类声场在这些声学指标上分布均匀，没有明显声聚焦的现象。

实例4则从混响特性、声压级以及语言清晰度等方面，对圆柱形广场空间进行了详细的研究，探讨了声源高度、平面尺度、地面吸声以及镜面反射地面等因素的影响。

5.1　镜面与扩散反射界面球形空间语言清晰度比较

曲面形态极具表现力。从西方古代的穹顶教堂到现代的球幕影院，包括球体、圆柱体在内的曲面建筑是重要的建筑形式。特别在现代，由于建筑结构与施工水平的提高，在诸如展览、体育、观演建筑等众多大型建筑中，曲面形式更是被频繁运用，此类空间的声学特性值得深入探讨。如果内凹的曲面界面高度镜面反射，容易产生声聚焦、回声等声学现象，可能会降低语言清晰度而不利于室内听闻，扩散反射界面被认为是改善语言清晰度的重要手段。球形空间是简单而典型的曲面空间。在实际中常见的是一个具有半球形顶棚且地板光滑平整的大厅，顶棚与其 (地面) 镜像在声学上近似构成一个球形空间。

我们在几何声学的范畴内，对镜面与扩散反射界面球形空间内的脉冲响应与声学参量明晰度 C_{50} 进行计算与比较，以定量探讨扩散反射界面对球形空间内语言清晰度的改善作用。研究采用解析法直接求取镜面反射界面球形空间内的脉冲响应，而对于扩散反射界面球形空间则采用声学辐射度模型求取脉冲响应。

选取位于球心的无指向性脉冲点声源，该位置是易于引起球内声聚焦的典型位置。考虑到语言声的能量主要集中在 $125 \sim 2000\,\mathrm{Hz}$ 倍频带，而对语言清晰度产生主要影响的是 $500\,\mathrm{Hz}$ 以上频带，这里主要针对半径较大的球形空间进行研究，使得几何声学的应用更合理；当球半径较大时，如大于 $8.5\,\mathrm{m}$，球心附近的初始延迟间歇会大于 $50\,\mathrm{ms}$，早期强反射声对语言清晰度的不利影响更加显著。选取半径 R 为 $15\,\mathrm{m}$ 与 $30\,\mathrm{m}$ 的两个球体作为算例，均匀分布的界面吸声系数在 0.1 与 0.4 这两个水平上变化。严格来说，该吸声系数可以被看作某频带上的平均值，计算得到的相应脉冲响应与声学参量可以被看作该频带上的贡献或分量。最后将球形空间的情况与镜面反射界面的立方体空间进行简单对比，以衡量镜面反射界面对球形空间内语言清晰度的不利影响以及扩散反射界面的改善效果。这里的研究旨在探讨空间形体与界面的作用，不考虑空气吸声与背景噪声的影响。

5.1.1　原理与方法

(1) 脉冲响应

设 r 为室内与声源距离为 r 的任意一点，该点声能密度脉冲响应为 $E(\boldsymbol{r}, t)$。

将时间用小间隔 $\Delta t = 1$ ms 离散为相继的整数 n，求每个时间间隔内到达的平均声能密度序列，便可以得到脉冲响应的离散数值形式 $E(\boldsymbol{r}, n)$。当无指向性点声源位于球心时，引起的球内声场中心对称于球心，球内任意一点的脉冲响应只与其到球心的距离有关。在求解脉冲响应的过程中，当球内的总声能衰减到初始值的 10^{-6} 时停止计算，给出脉冲响应有限长数值解。声速 c 取 340 m/s。

假设无指向性点声源在 $t = 0$ 时刻发出一个单位声能脉冲。直达声能以一个不断扩大的球面传播，点 $\boldsymbol{r}$ 处的直达声能密度 $O_d(\boldsymbol{r}, t)$ 在 r/c 时刻到达：

$$O_d(\boldsymbol{r}, t) = \frac{1}{4\pi r^2 c}\delta(t - r/c) \tag{5.1}$$

其中，$\delta(t)$ 为狄拉克函数，即有 $\delta(t) = 0$，当 $t \neq 0$ 时，以及 $\int_{-\infty}^{+\infty}\delta(t)\mathrm{d}t = 1$。

于是，在第 $n = [t]$ 个时间间隔内到达的平均直达声声能密度为：

$$O_d^*(\boldsymbol{r}, n) = \frac{1}{4\pi r^2 c\Delta t}\delta^*(n - [r/c]) \tag{5.2}$$

其中，$[t]$ 表示用 Δt 对时间 t 进行取整运算，$\delta^*(n)$ 为离散狄拉克函数，$\delta^*(0) = 1$ 以及 $\delta^*(n) = 0, n \neq 0$。

镜面反射　直达声被界面镜面反射形成的反射声依然以球面传播，且该球面向球心传播时不断缩小，到达球心时缩成一点，然后再变为不断扩大的球面，向界面传播，如此循环往复。因此，往返于球心与界面的声能周期性地经过受声点 $\boldsymbol{r}$，周期为 $2R/c$。任何 k 阶反射声都经过 $\boldsymbol{r}$ 点 2 次，其中第 1 次向球心传播，到达时刻为 $(2kR - r)/c$；第 2 次远离球心，到达时刻为 $(2kR + r)/c$。k 阶反射声可以表示为：

$$O_k(\boldsymbol{r}, t) = \frac{\rho^k}{4\pi r^2 c} \cdot \left\{\delta\left(t - \frac{2kR - r}{c}\right) + \delta\left(t - \frac{2kR + r}{c}\right)\right\} \tag{5.3}$$

其离散形式为:

$$O_k^*(\boldsymbol{r}, n) = \frac{\rho^k}{4\pi r^2 c\Delta t} \cdot \left\{ \delta^* \left(n - \left[\frac{2kR - r}{c} \right] \right) + \delta^* \left(n - \left[\frac{2kR + r}{c} \right] \right) \right\} \quad (5.4)$$

其中, $\rho = 1 - \alpha$ 为界面声反射系数, α 为界面吸声系数。

综合直达声与反射声, 可以得到声能密度脉冲响应为:

$$E(\boldsymbol{r}, t) = O_d(\boldsymbol{r}, t) + \sum_{k=1}^{+\infty} O_k(\boldsymbol{r}, t) \quad (5.5)$$

相应的离散形式为:

$$E^*(\boldsymbol{r}, n) = O_d^*(\boldsymbol{r}, n) + \sum_{k=1}^{+\infty} O_k^*(\boldsymbol{r}, n) \quad (5.6)$$

式 (5.5) 与 (5.6) 包含了完整的时间与能量信息。事实上, 任意半径的球内任意点 $\boldsymbol{r}$ 处的声能用直达声能进行归一化后, 都能表示为这样的声能时间序列:

$$\{1, \rho, \rho, \rho^2, \rho^2, \cdots, \rho^k, \rho^k, \cdots\} \quad (5.7)$$

其中, 1 为归一化的直达声能, ρ^k, ρ^k 表示前后两次到达点 $\boldsymbol{r}$ 的归一化 k 阶反射声能。

扩散反射　当球面理想扩散反射时, 结合式 (4.58) 与 (5.1), 球面上的辐射度可以用如下的声学辐射度方程表示:

$$B(t) = \frac{\rho}{S} \int_S B(t - R_{xx'}/c) \mathrm{d}s' + c \cdot O_d(R, t) \quad (5.8)$$

其中, $B(t) = B(x, t)$ 为球面上均匀分布的声学辐射度, x 为球面上任意指定的一个固定点, x' 为球面上异于 x 的动点。

球内点 r 处的声能密度为:

$$E(r,t) = \frac{\rho}{\pi} \int_{4\pi} B(x', t - R_{rx'}/c)\mathrm{d}\Omega + O_d(r,t) \tag{5.9}$$

其中, $\mathrm{d}\Omega$ 为 x' 处的面元 $\mathrm{d}s'$ 对 r 点所张的立体角。

将界面 S 离散为 N 个面积相等的平面面元 S_i, $i = 1, 2, \cdots, N$, 用 $B^*(n)$ 表示任意 S_i 上第 n 个时间间隔内单位面积平均入射声功率, 则式 (5.8) 可以离散化为:

$$B^*(n) = \frac{\rho}{N} \sum_{j=1}^{N} \delta_{ij} B^*(n - [R_{ij}/c]) + c \cdot O_d^*(R, n) \tag{5.10}$$

其中, $\delta_{ij} = 1 - \delta^*(i - j)$; R_{ij} 为面元 S_i、S_j 间的平均距离, 一般可以简化为面元中心点间的距离。为保证式 (5.10) 有解, 当 $i \neq j$ 时, $[R_{ij}/c]$ 取整至少到 1, 界面划分需要满足 $R_{ij} > c\Delta t$。事实上, 仿真精度同时依赖于界面与时间的划分精度, 若面元小到使得相邻面元间的距离 $R_{ij} \leq c\Delta t$, 便无益于仿真精度, 只徒增计算量。

利用式 (5.10) 可以递推求出任意长度的 $B^*(n)$ 序列, 进而可求得离散脉冲响应:

$$E^*(r,n) = \frac{\rho}{\pi c} \sum_{j=1}^{N} B^*(n - [R_{rj}/c])\Delta\Omega_{rj} + O_d^*(r, n) \tag{5.11}$$

其中, R_{rj} 为 S_j 中心点到点 r 的距离, $\Delta\Omega_{rj}$ 为 S_j 对点 r 所张的立体角。

球面离散化数据可以通过常用的计算机辅助设计 (CAD) 软件获得。如图 5.1 所示, 利用相关软件得到以相等的正三角形平面面元逼近的球面及非常精确的面元顶点坐标, 可用于计算相关参量 R_{ij}、R_{rj} 和 $\Delta\Omega_{rj}$。

(2) 声学参量 C_{50}

明晰度 C_{50} 是评价房间内语言清晰度的重要客观指标。研究表明, C_{50} 能很好地反映对语言清晰度的主观评价。直达声与其后 50 ms 内的早期反射声被认为有益于语言清晰度, 而晚期反射声则有害。据此, 点 r 处 C_{50} 的定义为:

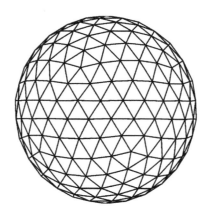

图 5.1 界面划分

$$C_{50} = 10\lg \frac{\int_{t_0}^{t_1} E(\boldsymbol{r},t)\mathrm{d}t}{\int_{t_1}^{+\infty} E(\boldsymbol{r},t)\mathrm{d}t} \tag{5.12}$$

其中，t_0 为直达声到达的时刻，t_1 为其后 50 ms 的时刻。利用离散脉冲响应求解 C_{50}：

$$C_{50} = 10\lg \frac{\sum_{n=[r/c]}^{[r/c]+50} E^*(\boldsymbol{r},n)}{\sum_{n=[r/c]+50}^{L} E^*(\boldsymbol{r},n)} \tag{5.13}$$

其中，L 为 $E^*(\boldsymbol{r},n)$ 的长度，且考虑了脉冲响应离散的时间步长为 1 ms。

5.1.2 计算结果

(1) 脉冲响应

镜面反射 当界面镜面反射时，球内任意点 $\boldsymbol{r}$ 处的 k 阶反射声能与直达声能都平方反比于点 $\boldsymbol{r}$ 到球心的距离，于是反射声能在球心附近高于远离球心处，形成所谓的声聚焦。易见，k 阶反射声与直达声总能够保持比例关系 ρ^k，且与点 $\boldsymbol{r}$ 的位置无关 (也与球的大小无关)。换句话说，球内语言清晰度的不均匀分布，不能用声聚焦来解释，而必须考虑反射声到达的时间特性。

图 5.2 为半径 15 m 的球内三个典型位置的归一化脉冲响应 (各以其直达声能归一化)，界面吸声系数为 0.1。受声点距球心依次为 1.0 m、7.5 m 与 14.0 m。

事实上，对任意半径为 R 的球形空间内的受声点 r 来说，第 1 次到达的 1 阶反射声的初始延迟间歇为 $2(R-r)/c$，第 2 次到达的 1 阶反射声则较直达声有 $2R/c$ 的延迟。如果球的半径较大，则在球心附近 (即当 r 很小时)，两个 1 阶反射声都将有很大的延迟，可能形成强烈的回声，不利于语言清晰度，而更高阶反射声的到达时间则愈加处于不利范围；在界面附近 (即当 r 接近 R 时)，至少第 1 次到达的 1 阶反射声的延迟很小，这将有利于语言清晰度。因此，可以合理地预期: 语言清晰度在界面附近比球心附近有提升的趋势。

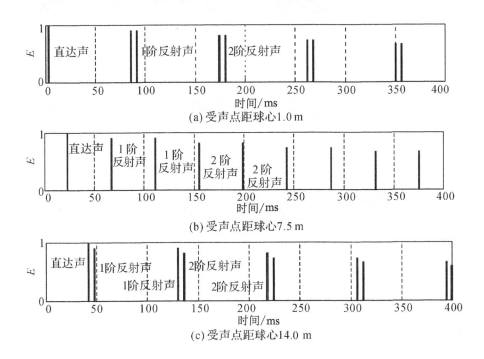

图 5.2 镜面反射下的脉冲响应

扩散反射 当界面扩散反射时，上述半径为 15 m 的球内同样位置上的归一化脉冲响应如图 5.3 所示。此时，反射声不再离散地到达 (图 5.3 中离散的显示是因为数值计算将球面与时间进行离散化)。半径为 R 的球内任意受声点 r 处的 1 阶反射声在连续的时间范围 $2(R-r)/c \le t \le 2R/c$ 内到达，但是不同位置上的早期反射声结构，特别是 1 阶反射声结构有很大差异。当受声点距离球心较近时，初始延迟间歇较大，且 1 阶反射声集中在一个小的时间范围内到达。随着受声点远离球心，1 阶反射声在时间上分散开来。换句话说，即使界面扩散反射，1 阶反射声能仍在球心附近有长延时的聚焦。因此需要研究球心附近的长延时 1 阶反射声聚焦是否会对语言清晰度造成明显的损害。

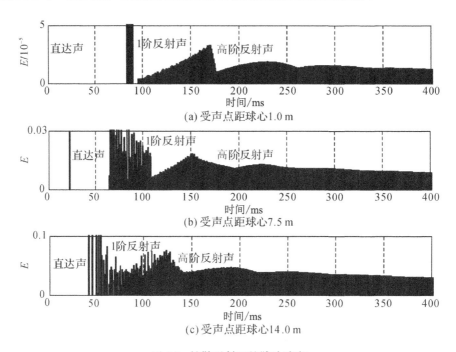

图 5.3　扩散反射下的脉冲响应

(2) 声学参量 C_{50}

图 5.4 与图 5.5 分别为在半径为 15 m 与 30 m 的两个球形空间内，C_{50} 随受声点至球心距离 r 的分布。

当界面镜面反射时，在给定吸声系数 α 下，半径为 15 m 的球内 C_{50} 分布呈现两大区域。从球心开始直到距离界面 8.5 m 处，C_{50} 维持在一个较低水平上，然后随着受声点进一步远离球心，C_{50} 跃升至一个较高的水平上。在距离界面 8.5 m 处第 1 次到达的 1 阶反射声与直达声的时差正好为 50 ms。利用式 (5.11) 与 (5.13) 可以得到这两个水平的值分别为 $10\lg(\alpha/(2(1-\alpha))$ dB 与

$10 \lg(\alpha/(1-\alpha))$ dB，与球半径无关。两水平间的差异为 $10 \lg 2 \approx 3.0$ dB，与界面吸声系数 α 无关。

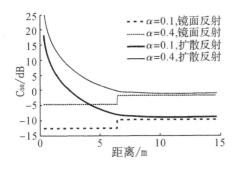
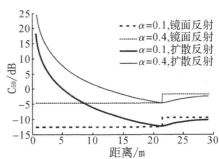

图 5.4 半径 15m 球体中 C_{50} 比较　　图 5.5 半径 30m 球体中 C_{50} 比较

当界面扩散反射时，C_{50} 的分布同样可以分为球心附近与界面附近两大部分，分界点同样大致位于距离界面 8.5 m 处。随着受声点远离球心，C_{50} 从球心附近的最大值逐渐降低至最小值，然后在界面附近呈现略微提升的趋势，这一趋势在半径较大的球中更加明显。

整体上，扩散反射界面改善了 C_{50} 值，但值得注意的是，显著改善恰恰位于球心附近。这说明球心附近长延时 1 阶反射声的聚焦对语言清晰度的不利影响甚小，其原因只能是该反射声总能量远小于直达声能。证明如下。

直达声对任意面元 $\mathrm{d}s$ 的辐射度贡献为：

$$B(R/c) = c \cdot O_d(R, t) = \frac{\delta(t - R/c)}{4\pi R^2} \tag{5.14}$$

由此形成的到达点 $\boldsymbol{r}$ 的 1 阶反射声能为：

$$E_1(\boldsymbol{r}, t) = \frac{\rho}{4\pi^2 R^2 c} \int_{4\pi} \delta(t - \frac{R_{rx} + R}{c}) \mathrm{d}\Omega_{rx} \tag{5.15}$$

于是，点 $\boldsymbol{r}$ 处体积微元 $\mathrm{d}V$ 中到达的 1 阶反射声的总能量可以用下式表示，且

111

该值与点 $\boldsymbol{r}$ 的位置无关:

$$
\begin{aligned}
E_1(\boldsymbol{r}) &= \mathrm{d}V \int_0^\infty E_1(\boldsymbol{r},t)\mathrm{d}t \\
&= \frac{\rho}{4\pi^2 R^2 c}\mathrm{d}V \int_{4\pi}\mathrm{d}\Omega_{\boldsymbol{rx}}\int_0^\infty \delta\left(t - \frac{R_{\boldsymbol{rx}}+R}{c}\right)\mathrm{d}t \\
&= \frac{\rho}{\pi R^2 c}\mathrm{d}V
\end{aligned}
\tag{5.16}
$$

直达声能相应表示为:

$$
\begin{aligned}
E_d(\boldsymbol{r}) &= \mathrm{d}V \int_0^\infty O_d(\boldsymbol{r},t)\mathrm{d}t \\
&= \frac{\mathrm{d}V}{4\pi r^2 c}\int_0^\infty \delta(t-r/c)\mathrm{d}t = \frac{\mathrm{d}V}{4\pi r^2 c}
\end{aligned}
\tag{5.17}
$$

于是, 1 阶反射声与直达声的能量比为:

$$
\frac{E_1(\boldsymbol{r})}{E_d(\boldsymbol{r})} = \frac{4\rho r^2}{R^2}
\tag{5.18}
$$

式 (5.18) 表示受声点越靠近球心, 则 1 阶反射声能相比直达声能越低。例如, 在界面吸声系数为 0.1、半径为 15 m 的球内, 距离球心 1.0 m 处的 1 阶反射声总能量比直达声能低 27.5 dB。

5.1.3 与立方体空间的比较

上文的计算分析表明, 镜面反射界面的球形空间内语言清晰度参量的数值很低, 而扩散反射界面能够起到改善作用。为了衡量这种界面反射模式引起的改善效果, 我们将球形空间与其外切立方体空间做简单对比。立方体空间的界面为镜面反射, 且吸声系数均匀分布。无指向性点声源设置在立方体中心点, 于是其中的声场中心对称。立方体内任意受声点处的脉冲响应采用虚声源法计算[64]。之所以选择球形空间与其外切立方体空间进行对比, 是因为两者具有相同的体积与表面积比, 当它们的界面吸声系数相同时, 赛宾 (或伊林)

公式会给出同样的混响时间计算值。另外，如图 5.6 所示，在立方体中沿着路径 ON 的受声点与球体中距声源相同距离处的受声点有相同的初始延迟间歇，其中，点 O 为立方体的中心，点 N 为平面 $BCGF$ 的中心。

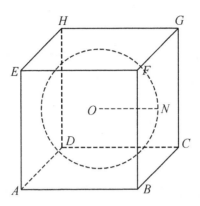

图 5.6 球形空间的外切立方体

计算表明，立方体中距中心相等距离处的 C_{50} 值几乎是一样的。换句话说，C_{50} 值在立方体的内切球范围内沿任意半径上的分布，可以用路径 ON 上的分布来近似表示。另外，立方体的体积越小，则距声源相同距离处的 C_{50} 值越高，这是因为反射声的延迟越小。

球形空间与立方体空间中 C_{50} 分布的比较如图 5.7 所示。球形空间半径为 $15\,\mathrm{m}$，立方体边长为 $30\,\mathrm{m}$，界面吸声系数为 0.1。图 5.7 中镜面与扩散反射界面的球形空间内 C_{50} 的分布与图 5.5 中对应数据相同，点划线为立方体内沿 ON 方向的数据。从图 5.7 可以看出，在界面附近，三种情况下的数据非常接近；此外，距声源相同距离的几乎所有受声点处，立方体中的 C_{50} 值都高于球体中的数据，在声源附近更是明显高于扩散反射界面球体中的数据。这是由于相比立方体，球形空间将有更多的长延时强反射声，特别是 1 阶反射声，聚焦到声源附近。

应该注意，图 5.7 是在球形空间与其外切立方体空间 (容积大于球体) 之间进行比较。如果将球体与更小的立方体空间相比较，如相同容积的立方体空间，则这种形体带来的语言清晰度改善作用会更加显著。

113

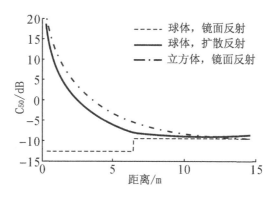

图 5.7　球体与其外切立方体中 C_{50} 之比较

5.2　某临街高大厂房噪声引起的街道声场

对可持续住区和建筑环境保障来说，声环境品质是建筑环境的重要内容。尽管《工业企业噪声控制设计规范》(GB/T 50087 – 2013) 对内有高声级噪声的厂房选址有相关规定[65]，但在现实中，出于种种原因，仍有此类厂房毗邻居住建筑，并且一些高大厂房还希望尽可能采用轻薄围护结构。

如图 5.8 所示，某实际待建高大厂房内有高声级噪声，该噪声会通过围护结构传播到街道，街面与地面的声反射会进一步加强噪声对沿街居住建筑的干扰。为控制噪声以保护住区的建筑环境，厂房可采取一系列建筑措施，包括在室内进行吸声处理，使围护结构具有足够的隔声量，设置女儿墙以屏蔽屋顶透射声等。为确定建筑设计参数，需预测厂房噪声引起的街道空间测点处的噪声级，根据《声环境质量标准》(GB 3096 – 2008)[66]，测点取在居住建筑墙外或窗外 1 m 的街道竖向截面上。计算涉及厂房室内与街道两个声场，衔接两者的是噪声通过厂房围护结构向街道空间的透射。针对这类问题，目前还没有一套系统的计算模型。《环境影响评价技术导则 声环境》(HJ 2.4 – 2009) 对室内声场向室外传播的计算有所涉及[67]，但内容不够深入，也没有反映或针对此类问题的具体特点。在对研究对象深入分析的基础上，针对问题特点，在此给出一套实用计算模型，综合应用统计声学、虚声源法、声学辐射度法等手段处理室内外声场, 并对建筑围护结构声能透射的指向性采取合理简化, 以处理室内外声场的衔接。

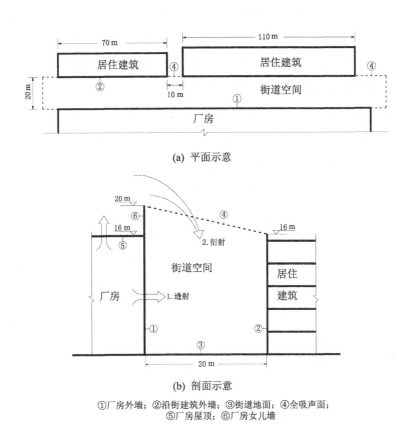

(a) 平面示意

(b) 剖面示意

①厂房外墙；②沿街建筑外墙；③街道地面；④全吸声面；
⑤厂房屋顶；⑥厂房女儿墙

图 5.8 街道空间示意

噪声从厂房室内传播到街道的途径可分为两个: 噪声通过厂房临街外墙透射进入街道; 噪声通过厂房屋顶 (以及部分非临街侧墙) 透射后衍射进入街道。相对于面向天空 (且有女儿墙遮挡) 的厂房屋顶, 控制噪声通过厂房临街外墙透射进入街道, 是控制噪声的首要方面, 这也是本模型主要针对的计算问题。第二个途径涉及衍射, 精确计算非常复杂, 模型给出了简化估算方式, 并对需注意的问题进行了讨论。

5.2.1　声场特点

该街道所涉及的声场空间尺度大，对大部分频带的声音而言，可在几何声学的范畴内进行计算，即忽略声音相位特性，将声音看作在媒质中以声速沿直线传播的声能量。在此基础上，各声源引起的厂房室内声场及其通过不同途径传播形成的街道声场可以分别计算和简单叠加。

高大厂房内的声场一般不均匀，原因是多方面的。首先是声源的不均匀分布，比如它们往往靠近地面而远离顶棚。其次，室内表面的吸声系数也不均匀，为有效降噪，厂房墙面与顶棚会采用强吸声处理，而厂房地面则一般坚硬平整。为提高计算精度，需考虑声源的具体位置，并区分直达与混响声的贡献。

居住建筑形成的街面往往鳞次栉比，形成对声能高度扩散反射的界面，即单位投影面积面元将入射声能向半空间中各方向反射的概率几乎相等。有研究指出，高度扩散反射的街面有利于降噪[15-16,68]，从这一角度出发，临街厂房外墙面也应该高度扩散反射。在模型中，将两侧街面的反射特性简化为理想扩散反射，这样的处理在统计上合理，而且使计算简便可行。另外，街道地面一般坚硬平整，对入射声形成镜像反射。

计算的一个关键问题是要对建筑围护结构透射声能指向性进行合理假设。模型中将其处理为理想扩散透射。可类比光线说明扩散透射的特点。当光线穿透单层（或多层）单质均匀平板玻璃时，一般透射不扩散，玻璃另一侧的物象清晰可见。而当玻璃中充满了均匀杂质或者表面磨砂形成毛玻璃时，则发生扩散透射，玻璃另一侧的物象不能清晰呈现，但透射可表现出入射强度区域变化而形成的亮度变化。对声能透射而言，建筑围护结构往往不由纯净材料构成，更类似于毛玻璃，透射机理复杂。从统计角度看，认为透射声能在外表面单位投影面积面元向半空间中各方向辐射的可能性几乎一样，即采用理想扩散透射的假定。这是一个合理而折中的简化方法，特别在围护结构透射特性未知时。

5.2.2 计算模型

(1) 厂房室内声场

厂房室内声场计算是为了得到墙面与顶棚上任意点处单位面积入射声功率，进而得到透射声功率。计算中，将室内声能简化或等效为只受到空气与房间界面的衰减。如图5.9所示，设室内共有 N 个声源，考虑其中任意声源 i，其引起的声场可分为两部分。第一部分称为直达声场，包括直达声与地面1阶反射声，后者可看作声源 i 在地面的虚声源提供的直达声；第二部分称为混响声场，由除直达声场外的反射声构成，处理为扩散声场。

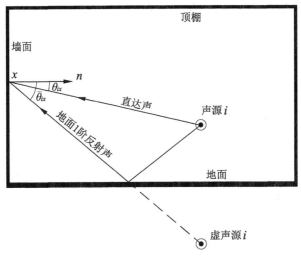

图 5.9 室内声场计算剖面

直达声场 如图5.9所示，墙面与顶棚上任意点 x 处单位面积直达声入射声功率为：

$$D_i(x) = P_i \cdot \frac{Q_i(x) \cdot \cos\theta_{xi} \cdot e^{mL_{xi}}}{4\pi L_{xi}^2} + P_i \cdot \frac{\overline{Q}_i(x) \cdot \cos\overline{\theta}_{xi} \cdot e^{m\overline{L}_{xi}} \cdot \overline{\rho}_{xi}}{4\pi \overline{L}_{xi}^2} \quad (5.19)$$

其中，$Q_i(x)$ 为声源 i 向点 x 方向的指向性因数，即声源向单位立体角中辐射的声功率，$\overline{Q}_i(x)$ 则为虚声源向点 x 方向的指向性因数；θ_{xi} 为声源 i 同 x 连线与 x 处房间界面内法线间的夹角，$\overline{\theta}_{xi}$ 为声源 i 的虚声源同 x 连线与 x 处房间界面内法线间的夹角；L_{xi} 与 $\overline{L}_{xi}$ 分别为声源 i 及其虚声源至 x 的距离；m 为声能空气吸收系数；$\overline{\rho}_{xi}$ 为虚声源 i 与点 x 连线与地面交处的反射系数。

混响声场　直达声在顶棚与墙面的 1 次反射声为混响声场提供了声源声功率：

$$E_i = \int_S D_i(x)\rho(x)\mathrm{d}x \approx \sum_{k=1}^{M_1} D_{ik}\rho_k \Delta \mathrm{S}_k \tag{5.20}$$

其中，积分域 S 表示厂房墙面与顶棚内表面；$\rho(x)$ 为界面点 x 处的声能反射系数，$\mathrm{d}x$ 为该点处的界面微元。上式在离散化求解时将 S 划分为 M_1 个小的面元 $\Delta \mathrm{S}_k, k = 1, 2, \cdots, M_1$；$\rho_k$ 为 $\Delta \mathrm{S}_k$ 的平均反射系数；D_{ik} 为 $D_i(x)$ 在 $\Delta \mathrm{S}_k$ 上的均值，可用 $\Delta \mathrm{S}_k$ 中心点值近似。

根据扩散声场理论，房间界面上任意点 x 处单位面积混响声入射功率为：

$$G_i(x) = \frac{E_i T c}{4 \lambda V} \tag{5.21}$$

其中，常数 $\lambda = 6 \ln 10 = 13.8$；$V$ 为厂房容积；T 为混响时间，可用伊林公式计算：

$$T = \frac{0.161V}{-\mathrm{S}' \ln(1-a) + 4mV} \tag{5.22}$$

其中，S' 为包含墙面、顶棚与地面的室内总表面，α 为 S' 上的平均吸声系数。

总计所有声源的贡献，可以得到界面单位面积的入射声功率：

$$I(x) = \sum_{i=1}^{N} [D_i(\mathrm{x}) + G_i(x)] \tag{5.23}$$

厂房围护结构外表面任意面元 $\Delta \mathrm{S}$ 的透射声辐射功率可取为：

$$\tau \cdot I(x) \cdot \Delta \mathrm{S} = 10^{-R/10} \cdot I(x) \cdot \Delta \mathrm{S} \tag{5.24}$$

其中，点 x 可取 $\Delta \mathrm{S}$ 中心点在厂房围护结构内表面上的垂直对应点，τ 为 $\Delta \mathrm{S}$

处围护结构平均声能透射系数，R 为对应的隔声量。

在以上的计算中，地面是作为镜像反射面处理的。若地面不能处理为镜像反射面，则可将地面 1 阶反射声归入混响声场。此时，式 (5.19) 右侧第二项消失并且积分域取 S'。

(2) 街道空间声场

街道空间由若干界面构成，其中的一些可以视为全吸声界面，如图 5.8 中虚线所示。其中，天空可视为全吸声的 "屋顶面"。若忽略从街道空间的开放端部与建筑间空隙处返回的反射声，它们亦可被视为全吸声界面。

反射界面可分为两类。第一类是沿街的建筑外立面，被处理为理想扩散反射界面。第二类是街道地面，一般为平整的界面，对声能产生镜像反射，从而形成一个与街道实际声场完全对称的虚像声场。设沿街界面被离散为 M_2 个平面面元 $\Delta S_i, i = 1, 2, \cdots, M_2$。定义面元辐射度为其辐射声能的功率，它来自两方面的贡献：除其他面元辐射度贡献外的声源贡献，如厂房室内声能从其外墙面元处透射，以及街道墙面对厂房屋顶衍射声的反射；其他面元辐射度的贡献，即对来自其他面元的辐射形成的反射。

如图 5.10 所示，来自其他面元的辐射分为两种情况：

① 不经地面镜像反射，如图中从 y_1 到 x_1 的声线所示的辐射。

② 经过地面镜像反射，如图中从 y_2 处面元发出并经地面反射到达 x_2 处的辐射，它可以等效为与 y_2 面元辐射度相同的 $\overline{y}_2$ 处虚面元发出并 "穿透" 地面的辐射。

设 ΔS_i 上辐射度为 B_i，则有：

$$B_i = B_{di} + \sum_{j=1}^{M_2} K_{ij} B_j \tag{5.25}$$

其中，B_{di} 为声源贡献。求和部分为其他面元 ΔS_j 及其虚像 $\overline{\Delta S}_j$ 上辐射度 B_j 的贡献，K_{ij} 为贡献率。式 (5.25) 的矩阵形式为：

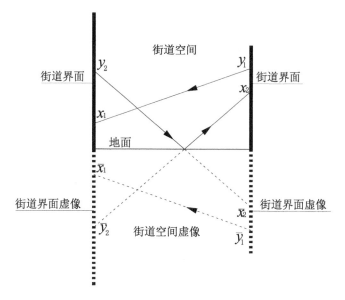

图 5.10　街道声场示意

$$\boldsymbol{B} = \boldsymbol{B}_d + \boldsymbol{K}\boldsymbol{B} \tag{5.26}$$

其中，列向量 $\boldsymbol{B} = \{B_i\}$，$\boldsymbol{B}_d = \{B_{di}\}$，矩阵 $\boldsymbol{K} = \{K_{ij}\}$。当给定声源贡献 $\boldsymbol{B}_d$ 时，可解得 $\boldsymbol{B} = (\boldsymbol{I} - \boldsymbol{K})^{-1}\boldsymbol{B}_d$。贡献率 K_{ij} 可由下式计算：

$$K_{ij} = \rho_i \left(F_{ji}v_{ji} + \overline{F}_{ji}\overline{v}_{ji} \right) \tag{5.27}$$

其中，F_{ji} 与 $\overline{F}_{ji}$ 为面元 ΔS_j 与其虚像 $\overline{\Delta S}_j$ 到 ΔS_i 的角系数；v_{ij} 与 $\overline{v}_{ij}$ 为声能从 ΔS_j 与 $\overline{\Delta S}_j$ 出发至 ΔS_i 的传播路径上的衰减，可以取：

$$v_{ji} = \mathrm{e}^{mL_{ji}}, \quad \overline{v}_{ji} = \overline{\rho}_{ji} \cdot \mathrm{e}^{m\overline{L}_{ji}} \tag{5.28}$$

其中，L_{ji} 与 $\overline{L}_{ji}$ 为面元 ΔS_j 与 $\overline{\Delta S}_j$ 至 ΔS_i 的等效距离，可取中心点的等效距离；$\overline{\rho}_{ji}$ 为声能从 $\overline{\Delta S}_j$ 至 ΔS_i 所"穿透"地面处的反射系数。

街道中任意一点 $\boldsymbol{r}$ 处的声强 $I_{\boldsymbol{r}}$ 由声源、街面元及其虚面元辐射度所贡献：

$$I_r = I_{rd} + \frac{1}{\pi} \sum_{j=1}^{M} K_{rj} B_j \tag{5.29}$$

其中，I_{rd} 为声源贡献；K_{rj} 为面元 ΔS_j 与其虚像 $\overline{\Delta S_j}$ 上的辐射度 B_j 的贡献率，则有：

$$
\begin{aligned}
K_{rj} &= \frac{e^{mL_{rj}} \cos\theta_{rj}}{L_{rj}^2} + \frac{\overline{\rho}_{ri} \cdot e^{m\overline{l}_{rj}} \cos\overline{\theta}_{rj}}{\overline{L}_{rj}^2} \\
&= \frac{e^{mL_{rj}} \cdot \Delta\Omega_{rj} + \overline{\rho}_{rj} \cdot e^{m\overline{L}_{rj}} \cdot \overline{\Delta\Omega_{rj}}}{\Delta S_j}
\end{aligned} \tag{5.30}
$$

其中，L_{rj} 与 $\overline{L}_{rj}$ 为点 r 至 ΔS_j 与 $\overline{\Delta S_j}$ 的等效距离，可取面元中心点计算；$\overline{\rho}_{rj}$ 为 $\overline{\Delta S_j}$ 至点 r 声线 "穿透" 地面处的反射系数；$\Delta\Omega_{rj}$ 与 $\overline{\Delta\Omega_{rj}}$ 分别为面元 ΔS_j 与 $\overline{\Delta S_j}$ 对点 r 所张的立体角。

5.2.3 计算结果

图 5.8 中街道宽 20 m，一侧为厂房临街外墙，总高 20 m，其中包括约 4 m 高的女儿墙，形成屋顶噪声屏障。街道另一侧为两栋高 16 m、间隔 10 m 的居住建筑，总长 190 m。设街道地面与建筑外墙具有 0.95 的声反射系数。

厂房室内如图 5.11 所示，宽 100 m，长 200 m，高 16 m。距地面 4 m 高的水平面上均匀分布无指向性点声源，间距 6.25 m。经测量，每个声源在中心频率 500 Hz 的 1/3 倍频带上发出声功率级为 110 dB 的稳态强噪声。厂房地面平整，呈镜像反射特性，忽略吸声系数。为降低室内噪声，厂房墙面与顶棚设置强吸声，有均布的吸声系数 0.8。空气吸收系数 $m = 6.284 \times 10^{-4}\,\mathrm{m}^{-1}$。初步设计中，厂房临街外墙在该频带上的隔声量取 40 dB，计算厂房临街外墙透射声引起的街道声场。

首先，将厂房临街外墙的透声部分与其余沿街界面分别离散化为小的面元，将其分别简称为第 1、2 类面元，计算厂房室内声场，得到第 1 类面元上的透射声功率。进而将第 1 类面元上的透射声功率作为其辐射度中的声源贡献，

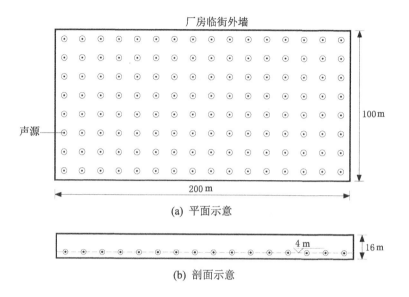

(a) 平面示意

(b) 剖面示意

图 5.11 厂房室内示意

计算街道声场。要注意的是，第 2 类面元上的辐射度仅由其他面元辐射度所贡献，而无声源贡献。类似地，街道空间受声点处的声能也仅由面元辐射度所贡献，亦无声源贡献。

图 5.12 为厂房临街外墙内表面单位面积入射声功率级 (单位为 dB)。计算表明，厂房临街外墙内表面上入射声能的分布不均匀，在靠近声源的外墙下部，单位面积入射声功率级达到 88.5 dB，而在外墙上部则有所下降。

图 5.13 为沿街居住建筑前 1 m 竖向截面上的声压级分布 (单位为 dB)，可以看出，在居住建筑前方的地面附近具有较高的声压级，达 51 dB，而在靠近全吸声的天空与建筑间的空隙处，声压级则较低。这一方面是由于作为声源的厂房透射声本身在靠近地面处较强，另一方面也反映出街面与地面间相互反射的加强作用。

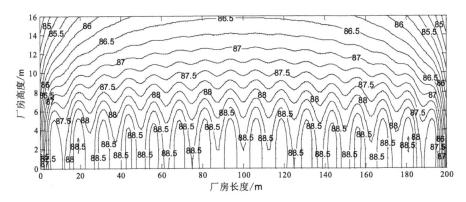

图 5.12　厂房临街外墙内表面单位面积入射声功率级

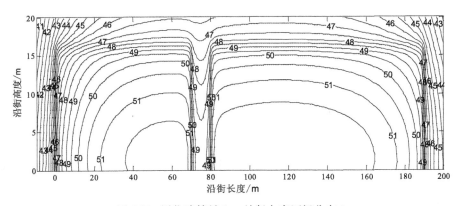

图 5.13　居住建筑前 1 m 处竖向声压级分布

5.2.4　关于透射声衍射的计算

以厂房屋顶透射声为例，讨论其衍射到街道空间中形成的声场的估算。将屋顶外表面面元看作点声源。面元向上半空间辐射透射声能，绕过女儿墙衍射进入街道。厂房一侧的街面位于衍射声影区，而厂房对面街面则得到衍射提供的声源贡献，其上的街面面元接收到的衍射声能是所有屋面面元贡献的总和。点声源发声绕过屏障衍射的计算较为复杂，对于半自由空间的长度远大于高度的屏障而言，工程实践中有一个被广泛验证并应用的简化公式[69]：

$$I = I_d \frac{1}{3 + 10N_f} \tag{5.31}$$

其中，I 为无指向性点声源在受声点处引起的衍射声强，I_d 为该声源在不受屏障遮挡时的直达声强，N_f 为菲涅尔数：

$$N_f = \frac{2\delta}{\lambda} \tag{5.32}$$

其中，δ 为点声源与受声点之间分别在有、无屏障遮挡时的最短声程差，λ 为声波波长。

在模型中可利用式 (5.31) 估算受声点与受声面元的声源项贡献，但要注意以下问题。

首先，式中点声源是无指向性的，而模型中屋面面元的辐射指向性是理想扩散的。如图 5.14 所示，面元辐射可以近似认为处于两种无指向性点声源之间，一种提供了面元在法线方向上的辐射强度，其声功率为 $4B$ (B 为屋顶面元的透射声功率)，另一种提供了与面元法线呈 θ 角方向上的辐射强度，声功率为 $4B\cos\theta$，图中声线 D_1 与 D_2 构成从声源面元中心点到受声面元中心点的最短声程。在计算中可以取一个系数 $\theta \geq \theta_1 \geq 0$，将面元等效为声功率 $4B\cos\theta_1$ 的无指向性点声源。对于高要求的噪声控制而言，不妨取声功率为 $4B$，以从严估算噪声。

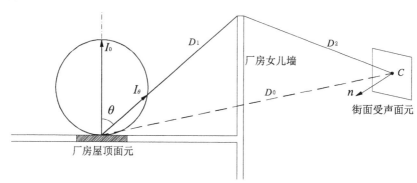

图 5.14 面元透射声能的衍射

其次，该式给出了衍射到达受声点的总声强，计算受声点的声源贡献可以直接使用该公式。但应注意到，根据惠更斯原理，衍射声能是从多方向达到受声点的，即对于受声面元而言，声强并非全部是法向入射的。在计算接收面元单位面积入射声功率时，一个合理近似可取为 $I\cos\theta_2$，其中 θ_2 为声线 D_2 与受声面元法线 n 间的夹角。

最后要注意的是，街道中有直接入射的衍射声，也有经地面反射后入射的衍射声，后者可看作厂房屋顶面元虚像的贡献并采用上述方法计算，但要计入地面反射系数的衰减。

5.3 球体中的声场

球体中的声场在本书中地位显著。例如，在第 4 章就给出了一个球内扩散声场衰变结构的解析解。本节则继续研究当声源偏离球心时的声场特性。当声源偏离球心时，用解析法研究具有理想扩散反射界面的球内声场变得非常困难，此时声学辐射度模型的数值仿真成为研究的重要手段。本节通过对若干声学参量，包括混响时间、声压级以及语言清晰度等，分析声场特性，使得我们对凹曲面空间中的聚焦问题有更深入的认识。

(1) 混响时间

数值仿真表明，即使声源偏离球心，球体中 T_{30} 的分布仍然非常均匀，与声源位于球心时的数据没有显著差别，与伊林公式的结果也非常接近。为了说明这一结论，给出如下两个算例。

图 5.15 的 (a)、(b) 分别给出了界面吸声系数高达 0.55、半径为 45 m 的球中，声源位于距球心 22.5 m (半径的 1/2) 与距球心 40.5 m (半径的 9/10) 处，T_{30} 在声源与球心连线剖面上的分布。图 5.15 是在计算了该剖面上均匀分布的 1854 个受声点的 T_{30} 值后经过线性插值得到的。

如图 5.15 所示，当声源靠近边界时，T_{30} 的变动范围大一些，在声源附近得到最大值 3.39 s 与最小值 3.01 s，在绝大多数受声点处，T_{30} 都在均值 3.17 s 附近。从混响时间 T_{30} 分布的角度来看，当界面理想扩散反射时，球内声场不存在聚焦的情况。

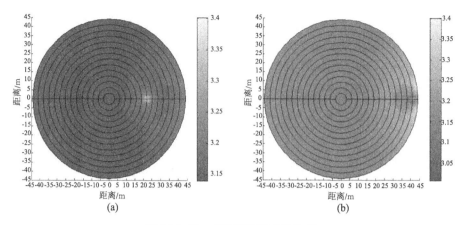

图 5.15 T_{30} 在球内空间中的分布

(2) 声压级

通常谈到的声聚焦，主要是指反射声能的聚焦，或者表现为稳态声场中的声压级 (SPL)，特别是混响声压级 (SPLr)，在空间中分布显著不均匀。

计算表明，当声源靠近球心时，整个球体中的 SPLr 分布较为均匀，而当声源靠近边界时，SPLr 的不均匀范围扩大。SPLr 最高值位于通过声源的半径与边界的交点处，SPLr 最低值则在相反的位置，以球心对称。当声源距边界很近时，SPLr 最高值附近形成一个范围小、声压级高的区域，SPLr 在其余位置的分布则相当均匀。

如图 5.16 所示，任意一个通过声源的平面把球面分为两个部分，当这个平面 (图中虚线所示) 不通过球心时，两部分球面的面积不等，但是它们对声源形成的立体角是一样的，于是，声源对这两部分提供的总的声功率是一样的，其中面积小的部分具有较高的源辐射 (声源所提供的单位面积声功率)。这部分界面对其附近区域的受声点所张的立体角也较大，对它们有较高的 1 阶反射声贡献，这也是此区域具有较大 SPLr 的重要原因。

图 5.17 的 (a)、(b) 为半径 20 m 的球体中，分别位于距球心 10 m (半径的 1/2) 与 18 m (半径的 9/10) 处的声源引起的 SPLr 的相对分布 (单位为 dB)，球体界面吸声系数为 0.15。同样，图形是计算了经过球心与声源连线的剖面上均匀分布的 1854 个受声点处的 SPLr 后，利用线性插值得到的。

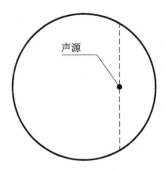

图 5.16　声源偏离球心时对界面的贡献不均匀

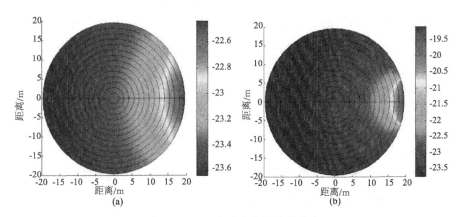

图 5.17　SPLr 在球内空间中的分布

图 5.17 (a) 显示，当声源距球心 10 m (半径的 1/2)，SPLr 的变动范围只有 1 dB，除了 SPLr 最大值附近，球内 SPLr 分布非常均匀。当声源非常靠近边界、距球心 18 m (半径的 9/10) 时，如图 5.17 (b) 所示，SPLr 的变动范围扩大了，最小值与最大值之间有 4 dB 以上的变化幅度，然而，SPLr 除了在最大值附近变化较显著外，在其他大部分区域的分布仍然非常均匀。

当吸声系数增大时，SPLr 的变动范围会变大。例如，如果界面吸声系数增长到 0.55，在半径 20 m 的球中，当声源分别距球心 10 m 与 18 m 时，SPLr 的变化范围分别达到 3.8 dB 与 10 dB 以上。

由于在几何声学的范畴内，当不考虑空气吸声时，小房间可以看作相同形状的大房间的缩尺模型。我们可以得出结论，对于界面吸声系数相同、半径不同的球体来说，如果声源的位置相互对应，大小球体中 SPLr 的相对分布是一致的。当两个球体中的声源声功率一样时，则大球中的 SPLr 要低于小球，因为同样的声能要分布在不同的体积中。例如，我们在界面吸声系数为 0.15、半径为 45 m 的球体中，计算了声源位于半径的 1/2 时的 SPLr 分布，得到与图 5.17 (a) 一样的图形，除了距离坐标的刻度不同。一个直接的推论就是，在这个半径高达 45 m 的球体中，SPLr 的变化范围也只有 1 dB 多，也就是说 SPLr 的分布是相当均匀的，不存在声聚焦现象。

SPL 包含的声能则是在混响声能的基础上再加上直达声能。基于 SPLr 的分布，可以看出 SPL 的分布规律也非常简单。沿着任意一个指向声源的直线方向，越靠近声源，则 SPL 越高。当声源靠近边界时，SPLr 不均匀分布，使得不同方向上 SPL 变化的速度不同，在声源所靠近的界面一侧的 SPL 要高于其他方向。显然，从 SPL 的分布来看，也不存在声聚焦的现象。

(3) 语言清晰度

当声源偏离球心时，清晰度 C_{50} 在球内的分布表现出以下性质:

① 靠近声源的半球 C_{50} 值高于远离声源的半球。

② 声源附近的区域为 C_{50} 最高的区域。

③ C_{50} 最低值区域距球心的距离大体不随声源与球心的距离而改变。

④ 当声源靠近边界时，整个球内 C_{50} 值总体上有提高的趋势。

图 5.18 (a) ~ (d) 分别为声源距球心 2 m、4 m、10 m 与 18 m 时，C_{50} 在半径 20 m 的球体中的分布，球界面吸声系数为 0.15。从图中可以明显看出上述前 3 点性质。例如可以看到，C_{50} 最低值区域 (深色区域) 都在大约距球心至边界的中部附近 (性质 ③)。

性质 ④ 通过以下几个方面表现出来。

首先，当声源靠近边界时，深色区域的范围有缩小的趋势。

其次，当声源位于距球心 2 m 时，声源附近的 C_{50} 最高值约为 16.8 dB，而当声源位于距球心 10 m 时，C_{50} 最高值约为 26.1 dB，随着声源进一步靠近边界，C_{50} 最高值的增长有减缓的趋势，声源到了距球心 18 m 处，C_{50} 最高值达

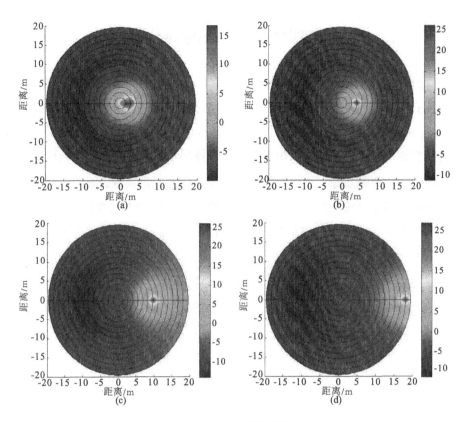

图 5.18 C_{50} 在球内的分布

到 26.9 dB 左右。我们注意到，在 20 m 半径的球体中，声源位于球心附近时，1 阶反射声的延时约在 100 ms 以外，该反射声确实是 C_{50} 中的不利部分，但不是主要原因，因为进一步的计算表明，即使是在很小的球体中，例如当球体半径为 5 m 时，位于球心附近的声源引起的 1 阶反射声可在 50 ms 内返回，成为 C_{50} 中的有益声能，但此时靠近边界的声源引起的 C_{50} 最高值仍然高于球心附近的声源引起的最高值。

最后，我们计算了声源在不同位置时，经过声源与球心的剖面上 C_{50} 的均值。计算表明，无论球体尺度多大，当声源靠近边界时，该均值都有上升趋势。

5.4　圆形广场空间的声学特性

现有文献对圆柱形空间的研究主要集中在圆柱形管道的声学特性上，例如声能在管道中传输时的传输损失，或者管壁特性对管道中声场传输的影响等，而对底面为圆形或椭圆形的、具有扩散反射边界的柱形空间中室内声场特性的研究则非常少。相比于简单对称边界的球形空间，有限大小的圆柱形空间在几何形式上更加复杂，这导致用解析法进行研究非常困难。圆柱形空间的一类典型例子就是城市的圆形广场空间。若把顶面开畅的天空看作吸声系数为 1 的表面，则广场可看作一个具有全吸声顶面、尺度较大的特殊"室内"空间。

广场空间是城市环境中的重要元素，它们的声学特性日益受到重视。对它们的研究兴趣主要在于平行于底面的、人头高度左右的水平面上的声场特性。例如，Kang 对具有扩散反射界面的广场空间声学特性进行了一定的研究[16]，他主要针对正方形底面的广场空间、声源位于广场一角的情况，通过三个声学参量 EDT、T_{30} 以及 SPL 在声场中的分布特点来分析声场特性。

本节作为声学辐射度模型的应用，研究圆形广场空间的声场特性，专注于声源位于广场中轴线上的情况，探讨声源高度、广场尺度大小、界面的反射特性等因素对声场的影响。通过对受声点脉冲响应的声学辐射度模型仿真，得出声学参量在空间中的分布。选择三类声学参量: 反映混响特性的 EDT、T_{30}；反映稳态声压级的 SPL、SPLr；以及反映声场语言清晰度的参量清晰度 C_{50} 与语言传输指数 STI。可以把这里计算得到的脉冲响应看作某单频带上的脉冲响应，于是 STI 便是该频带上的调制传输函数 MTI。

研究着重于空间几何形体与界面对声场的影响，空气吸声的效应被忽略。事实上，由于广场空间尺度较大，即使是中低频的声场，也可以用几何声学的方法来研究。

5.4.1 声源高度的影响

先研究一个广场，其底面半径与高度都为 25 m。该尺度参考了 Kang 的典型广场的尺度[16]，他选择的典型广场地面为 50 m ×50 m 的正方形，高为 20 m。本节研究的圆形广场与 Kang 的广场尺度相当，容积几乎一样。广场地面与周围的墙体都为理想扩散反射界面，吸声系数为 0.1。图 5.19 为广场的剖面，显示了声源与受声点的设置情况。无指向性点声源位于垂直于底面的中轴线上，分别设置在距地面 2 m、6 m、10 m 以及 14 m 高度上。受声点设置在高于地面 1.5 m 的水平面上。基于声场的对称性，只需要研究受声点平面的任意一条半径上的声场。

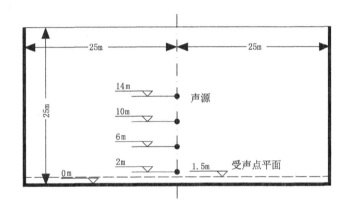

图 5.19　声源与受声点在广场中的位置

(1) 混响特性

图 5.20 为 EDT 沿广场中心位置至边界的变化。当声源高 2 m 时，靠近声源处的 EDT 低至 0.5 s 以下。随着受声点从中轴线附近向边界移动，EDT 逐渐下降至一个最小值，并在一段小距离中维持在该值附近。然后 EDT 开始迅速上升，在受声点距离中轴线约 6.5 m 处，EDT 上升至约 2.7 s 的峰值。峰值附近区域的 EDT 高于远场，说明在这个区域内存在较长延时的强烈的前次反射声影响，这些反射声最有可能是从侧墙反射回来的。随着受声点进一步向边界靠近，EDT 又逐渐下降，当受声点非常靠近边界时，EDT 略升高但不显著。

131

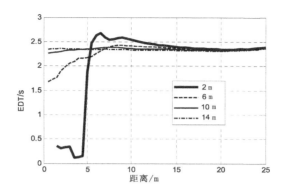

图 5.20　不同声源高度下的 EDT 分布

声源高 6 m 时，近场区的 EDT 还是明显低于远场区。从近场到远场，EDT
有一个提升过程 (这里的近场仅指靠近声源的区域，声学参量的变化往往较为
显著；而远场区是指远离声源的区域)。当声源进一步提高时，EDT 在整个受
声点平面上的分布就非常均匀了。

声源升至 10 m 与 14 m 时，EDT 波动范围分别小于 0.15 s 与 0.06 s。这说
明声源高度低时，声源近场区 EDT 的下降源于直达声与地面的强烈的前次反
射声。另外，所有高度的声源在远场区引起的 EDT 分布几乎相同，如图 5.20
所示，在受声点距离中轴线超过约 15 m 以后，所有声源引起的 EDT 曲线几乎
重叠在一起，并保持在 2.3 s 附近。

图 5.21 给出了声源在上述 4 个高度上的 T_{30} 曲线。T_{30} 的变化幅度比起
EDT 小很多。当声源高 2 m 时，T_{30} 从近场区到远场区有一个从低值上升到最
大值然后又下降到稳定值的过程。随着声源提高到一定高度，近场区 T_{30} 下降
的现象会消失，这说明声源高度低时，近场区 T_{30} 的下降同样源于直达声与地
面的强烈的前次反射声。另外，来自侧墙的长延时的前次反射声也对广场中心
附近的 T_{30} 有提高作用。

总的来说，T_{30} 的波动不是很显著。事实上，即使当声源高 2 m 时，近场
区的波动也仅限于约 0.15 s 范围之内，不到 T_{30} 值的 10%。而声源为 6 m 时，
近场区的 T_{30} 比远场区最大提升约 0.03 s，对于约 2 s 左右的 T_{30} 来说，可以认

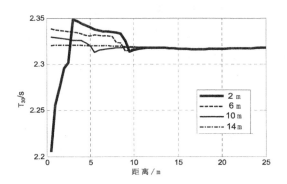

图 5.21 不同声源高度下的 T_{30} 分布

为其分布非常均匀。另外，所有高度的声源在远场区引起的 T_{30} 也几乎一样，如图 5.21 所示，当受声点远离中轴线 10 m 以外时，所有 T_{30} 曲线几乎重合在约 2.32 s 的水平线上。这里要指出，该广场空间的伊林公式混响时间为 2.56 s，与 EDT、T_{30} 的远场仿真值相差不超过 15%。

(2) 声压级

图 5.22 给出了 SPL 的分布曲线。当声源高 2 m 时，SPL 从广场中心到边界逐渐下降，下降幅度超过 20 dB。随着声源高度提升，SPL 的分布变得越来越均匀。当声源高 6 m 时，SPL 从中轴线到边界的变化幅度低于 10 dB。当声源高 10 m 时，SPL 变化幅度小于 5 dB。而当声源高 14 m 时，SPL 变化幅度已经不足 3 dB。从公众广播系统的角度来说，如果在这个广场的中轴线上布置扬声器，则 10 m 左右的高度可以保证整个声场声压级均匀。另外，4 个高度的声源引起的 SPL 在远场区非常接近，几乎重叠在一起。计算表明，即使声源高度升高到 25 m (即广场的高度)，此时有一半的声源能量已经超出广场空间，远场区声压级与高 2 m 的声源引起的远场区声压级相差不超过 3 dB。

图 5.23 给出了 SPLr 的分布曲线。SPLr 从中轴线到边界的变化幅度小于 SPL 的变化幅度，这是因为 SPLr 中没有直达声的成分。声源高 2 m 时，SPLr 的变化幅度小于 8 dB。当声源高 6 m 时，SPLr 的变化幅度小于 5 dB。当声源高 10 m 与 14 m 时，SPLr 的变化幅度小于 3 dB 与 1 dB 左右。可以注意到，在

三个算例中，SPLr 在靠近中轴线的区域都有较高的值，这个现象可能是环形的侧墙引起的声聚焦，但从声源位置越高则 SPLr 曲线越平直来看，似乎来自地面的反射声才是引起这个现象的主因。

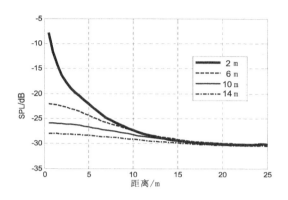

图 5.22　不同声源高度下的 SPL 分布

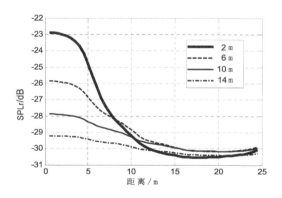

图 5.23　不同声源高度下的 SPLr 分布

(3) 语言清晰度

图 5.24 与图 5.25 分别给出了声源在 4 个高度上引起的 C_{50} 与 STI 的分布曲线。这两个参量表现出高度的一致性。随着受声点从中轴线到边界移动，C_{50} 与 STI 从中轴线附近以一个较高的值逐渐下降到一个最低值，然后随着受声点进一步靠近边界，又开始略微升高。

这两个参量的分布曲线还表现出一个与 SPL 相似的性质，即不同高度声

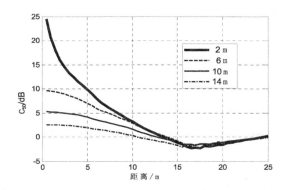

图 5.24　不同声源高度下的 C_{50} 分布

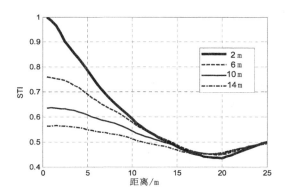

图 5.25　不同声源高度下的 STI 分布

源引起的分布曲线在远场区几乎重叠在一起。也就是说，在不同声源高度下，远场区声场几乎有不变的语言清晰度，那么，试图通过调整声源的高度来提升远场区的语言清晰度是没有效果的。而图形显示，对近场区来说，声源的高度降低有利于语言清晰度的提高。要注意的是，这里没有考虑声源指向性的设计以及背景噪声、空气吸声的影响。如果要考虑背景噪声以及空气吸声的影响，希望在远场区提高声压级的话，则应该加大声源的声功率，此时为了避免近场区的声压级过高，应该提高声源的高度。

从上述计算结果来看，当声源高度较低时，受声点平面上的声场的变化较为剧烈。根据这一点，下文以声源距地面 2 m 的情况为主要研究对象。

5.4.2　平面尺度的影响

在上述典型算例的基础上，我们来研究广场平面尺度变化对声场的影响。为此，进一步对半径为 12.5 m 与 50 m 的两个广场进行仿真计算。这两个广场与上述典型算例具有同样的高度 25 m，并且界面一样。声源布置在广场中心，高于地面 2 m。受声点也处于高于地面 1.5 m 的水平面上。计算表明，在不同平面尺度的广场空间中，上述声学参量的趋势是一致的。在广场高度不变的情况下，尺度小的广场中声场更加均匀，而尺度大的广场中声场则相反。

(1) 混响特性

图 5.26 与图 5.27 给出了当声源高 2 m 时，三个广场中 EDT 与 T_{30} 的分布。虽然在三个广场中，远场区的 EDT 都较为稳定。但是半径为 50 m 的广场中，EDT 总的变化幅度与丰富性远远大于另外两个广场。从中轴线附近到水平距离中轴线约 11 m 的区域内，EDT 从一个较低水平逐渐下降到约 0.2 s 的最低值，并短暂地保持在该值附近。接着在水平距离中轴线 13.5 ~ 16 m 的区域，EDT 经历了一个从最低值到最大值 (约 5.7 s) 的迅速爬升过程。然后在距离中轴线 16 ~ 30 m 的区域，EDT 逐渐下降到较为稳定的水平上。EDT 是与人对声场混响的主观感受密切相关的一个声学参量。那么在大尺度的广场中，声源高度不大时，近场区的音质存在着显著的变化，而且，半径为 50 m 的广场中 EDT 的大幅度变化，以及高达 5.7 s 的 EDT 峰值 (高于远场值的 2 倍)，充分显示了来自侧墙的长延时反射声的影响。

广场尺度增大对 T_{30} 分布的主要影响就是扩展了它的变化幅度。三个广场远场区 T_{30} 的仿真值分别为 2.29 s、2.32 s 以及 2.39 s。伊林公式的计算结果分别为 2.33 s、2.56 s、2.63 s。相对误差在第一个广场中约为 2%，在后两个广场中约为 10%。这表明，对这样的广场来说，使用伊林公式来估算远场的混响时间还是较为准确的，特别是对于尺度较小的广场而言。

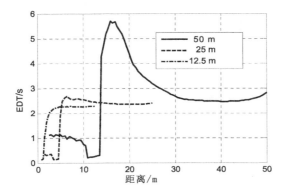

图 5.26　三个广场中的 EDT 分布

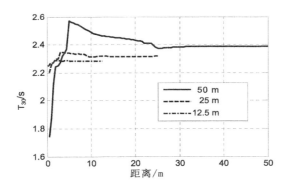

图 5.27　三个广场中的 T_{30} 分布

(2) 声压级

图 5.28 给出了 SPL 在三个广场中的分布。在靠近声源的区域，三个广场的 SPL 都非常接近，这主要是因为直达声来自地面的早期反射声在声压级中占主导地位。随着受声点远离中轴线，声压级迅速下降。不过由实线表示的半径为 50 m 广场的 SPL 分布曲线，在受声点距中轴线约 6 ~ 9 m 的区域出现一个明显的 SPL 下降速度放缓的过程。随着受声点接近边界，远场区的声压级变得平直。上述三个广场的平面尺度每增大一倍，远场区声压级约下降 7.5 dB。

图 5.29 给出了 SPLr 的分布。随着广场尺度增大，在与中轴线距离相同的受声点处的声压级降低，这是因为功率相同的声源发出的声能需要在更大的

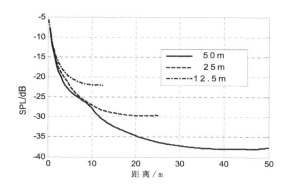

图 5.28　三个广场中的 SPL 分布

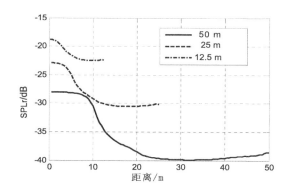

图 5.29　三个广场中的 SPLr 分布

空间中传播。半径 50 m 的广场中，SPLr 在近场区与远场区的差值达到 10 dB 以上。另外，在该广场中，靠近中轴线近场区的 SPLr 在一定区域内保持基本平直。这与图 5.28 中实线所示的该广场 SPL 在距中轴线约 $6 \sim 9$ m 的区域下降速度放缓的现象一致。

(3) 语言清晰度

图 5.30 与图 5.31 给出了三个广场中的 C_{50} 与 STI 分布。首先，尺度大的广场中 C_{50} 与 STI 的值都高于小尺度广场中的对应值。然而，图 5.29 显示，大尺度广场中 SPLr 要小于小广场中的对应值，这表明大尺度广场对反射声的衰

减使得不利于语言清晰度的后期反射声更少了。相比起来，大尺度广场中 C_{50} 与 STI 的变化更加复杂。如图 5.31 所示，随着受声点远离中轴线，由实线表示的半径为 50 m 的广场中 STI 不再较均匀地递减了，而是在近场区出现了一段保持在 0.9 附近非常平直的线段，然后随着受声点进一步远离中轴线，STI 再开始递减，直至受声点靠近边界时，STI 进一步小幅增长。另外，值得注意的是，在三个尺度的广场中，远场区的 C_{50} 与 STI 的最小值相差很小。

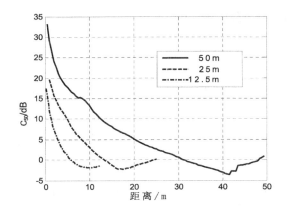

图 5.30　三个广场中的 C_{50} 分布

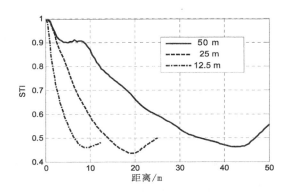

图 5.31　三个广场中的 STI 分布

5.4.3　地面吸声系数的影响

广场空间一般由建筑物围合形成，坚硬的建筑外墙作为广场空间的侧墙具有较高的反射系数。而广场的地面由于植被绿化的原因，可能具有较高的吸声系数，例如具有一定高度的灌木植被所引起的地面吸声，特别地，当广场上举行集会活动时，密集的观众也可能形成地面的强吸声。我们在半径为 25 m、高为 25 m、侧墙吸声系数为 0.1 的广场中，对比地面吸声系数分别为 0.1、0.5 与 0.9 时的声场，声源高度为 2 m。

(1) 混响特性

图 5.32 与图 5.33 分别显示了 EDT 与 T_{30} 在不同地面吸声系数下从广场中心到广场边界的分布。

图 5.32 显示，在三个吸声系数下，EDT 的曲线表现出了共同的特征，即在靠近声源的位置 EDT 值非常低，显然这是由于相比于强烈的直达声，反射声衰减非常显著。随着受声点远离声源，EDT 迅速攀升到达一个峰值，然后再逐渐下降，当受声点进一步远离声源接近边界时，EDT 的变化稳定地保持在一个非常小的范围内。随着地面吸声系数的提高，环境总的吸声量提高了，这样，远场区 EDT 处在一个更低的水平。此时近场区 EDT 的峰值也随着地面吸声系数的提高而提高，这进一步拉大了 EDT 的峰值与远场区较稳定的数值之间的差距，也缩小了 EDT 在远场保持基本稳定的区域，即整个声场中 EDT 的不均匀程度增大。当地面的吸声系数达到 0.9 时，位于水平方向上距广场中心约 7 m 的受声点处，EDT 高达约 4.59 s，而在远场区，EDT 大约保持在 1.61 s 左右，两者相差将近 3 s，前者相当于后者的 2.8 倍。但同时也可以看到，直到吸声系数达到 0.5 时，EDT 从峰值区到远场区的不均匀程度还不是很显著。例如，当地面的吸声系数高达 0.5 时，EDT 峰值约为 2.81 s，远场较稳定区域的最小值约为 1.93 s，两者差距为 0.88 s；而当地面吸声系数为 0.1 时，EDT 的峰值约为 2.68 s，远场较稳定区域的最小值约为 2.34 s，两者差距仅 0.34 s。这说明，地面的扩散反射对 EDT 分布的均匀性有贡献，即使地面吸声系数高达

0.5，这个贡献还是明显的。相反，当地面吸声系数非常高 (例如达到 0.9) 时，EDT 分布的不均匀性加剧现象源于侧墙的长延时反射声。

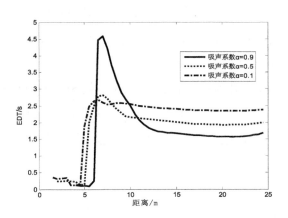

图 5.32　不同地面吸声系数下的 EDT 分布

图 5.33 显示，T_{30} 的波动要相对减弱很多。当地面吸声系数高达 0.5 时，T_{30} 分布曲线的形状仍与吸声系数为 0.1 时相似，即 T_{30} 随着受声点从广场中心附近远离而逐渐爬升到一个峰值，然后逐渐下降到稳定的数值。而当地面吸声系数达到 0.9 时——此时来自侧墙的长延时反射声在反射声序列中占非常主导的地位——T_{30} 曲线的形状与上述两条曲线明显不同，即 T_{30} 的峰值出现在广场中心，并随受声点远离广场中心逐渐下降到一个稳定值。

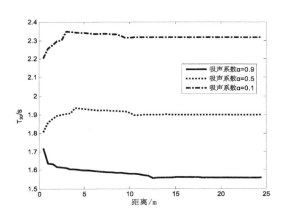

图 5.33　不同地面吸声系数下的 T_{30} 分布

(2) 声压级

图 5.34 与图 5.35 显示了 SPL 与 SPLr 的分布曲线。图 5.34 显示，地面吸声系数的提高使各处声压级降低。在非常靠近声源的地方，声压级的降低不明显，这主要是因为直达声在声压级中占据了主导地位。随着受声点远离广场中心的声源位置，不同地面吸声系数下的声压级有差距，但差距不大。例如，当地面吸声系数从 0.1 上升到 0.5 时，相同受声点处 SPL 差距的最大值为 1.7 dB；当地面吸声系数从 0.1 上升到 0.9 时，相应的差距最大值为 3.3 dB。这一方面是由于广场开畅的顶面使整个广场已经具有很大吸声量，地面吸声系数加大不能进一步显著降低反射声能；另一方面是因为吸声总量高使 SPL 对直达声的依赖更加显著。在尺度更大的广场中，地面吸声系数的提高对 SPL 降低的作用更加薄弱。如计算表明，在半径为 50 m、高为 25 m、侧墙吸声系数为 0.1 的广场中，当地面吸声系数从 0.1 上升到 0.5 时，SPL 差距的最大值为 1.2 dB，而当地面吸声系数从 0.1 上升到 0.9 时，最大差距值为 2.9 dB。

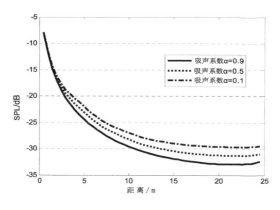

图 5.34　不同地面吸声系数下的 SPL 分布

图 5.35 显示，SPLr 分布也从一个侧面反映了声场的特点：当地面吸声系数低时，SPLr 则较高；广场中心附近的 SPLr 要高于其他位置。这个特点不但表现在具有较强反射地面的广场中，而且当地面吸声系数高达 0.9 时仍然如此。这种情况的产生有两种可能：地面反射或侧墙引起声聚焦。为了明确该现象的原因，把地面的吸声系数设为 1，计算 SPLr 的分布，如图 5.36 所示。

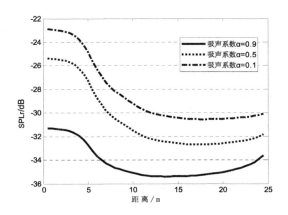

图 5.35 不同地面吸声系数下的 SPLr 分布

图 5.36 明确显示了圆环形的侧墙并不会引起反射声的聚焦。广场中心的 SPLr 高于其他位置的原因只能是地面的反射，因为声源赋予靠近它的广场中心附近地面的初始声能比远处地面多，而广场中心地面提供给附近受声点的声能比例也较大。地面反射对 SPLr 分布不均匀的作用是明显的。当地面吸声系数为 0.1 时，SPLr 的变化幅度为 7.65 dB；当地面吸声系数高达 0.5 时，该幅度仍然有 7.30 dB；当地面反射非常微弱，吸声系数高达 0.9 时，SPLr 的变化幅度仍然有 4.07 dB。

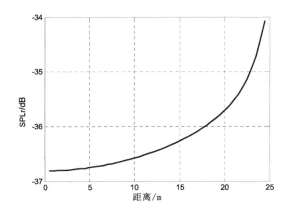

图 5.36 地面全吸声时 SPLr 的相对分布

　　为了进一步说明环形的理想扩散反射的广场侧墙不会引起反射声能的聚焦，我们给出声源偏离广场中轴线时的 SPLr 分布算例。图 5.37 表示高 2 m 的声源分别水平偏离中轴线 10 m 与 20 m 时的情况。图 5.38 则显示了在高 1.5 m 的受声点平面上水平通过圆心与声源的直径上的 SPLr 分布。算例中地面吸声系数为 1，侧墙吸声系数为 0.1，广场底面半径为 25 m。图 5.38 表明环形侧墙不会引起声聚焦。

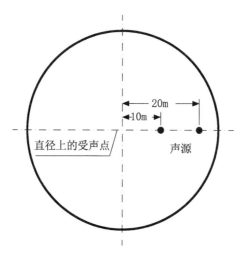

图 5.37　声源偏离广场中轴线示意

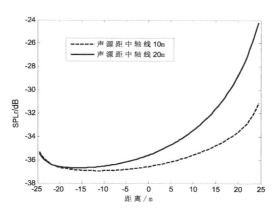

图 5.38　直径上的 SPLr 的分布

(3) 语言清晰度

　　图 5.39 与图 5.40 分别显示了 C_{50} 与 STI 在不同地面吸声系数下从广场中心到广场边界的分布。

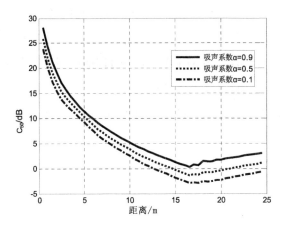

图 5.39　不同地面吸声系数下的 C_{50} 分布

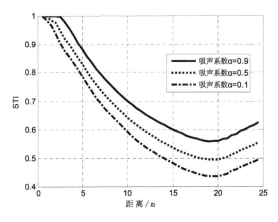

图 5.40　不同地面吸声系数下的 STI 分布

　　图 5.39 显示,当地面吸声系数提高时,C_{50} 在几乎所有受声点的位置都提升了,这表明地面吸声对后期不利于语言清晰度的多次反射声能的削弱效果更明显。另外一个现象是,在三种地面吸声系数下,C_{50} 最低值对应的受声点位置几乎不变,这说明侧墙附近的 C_{50} 提升侧墙的影响。当地面吸声系数较大

145

时，侧墙反射对 C_{50} 从最低值的提升更加明显。例如，当地面吸声系数为 0.1 时，紧贴侧墙处的 C_{50} 与最低值之间的差距为 2.32 dB，而当地面吸声系数为 0.9 时，该差距为 2.76 dB，根据 Bradley 等人的研究[70]，这一差距引起的语言清晰度的差别是可以明显感觉到的。计算表明，当广场尺度加大时，这一差距还会拉大。在半径为 50 m、高 25 m 的广场中，这一差距在地面吸声系数为 0.1 与 0.9 时达到约 4.49 dB 与 5.37 dB，这表明直达声对 C_{50} 的影响相对减小了，侧墙反射声的影响更加凸显。图 5.40 的 STI 分布显示了与 C_{50} 相近的特性，但是也有一些差别。例如，STI 的最低值位置与 C_{50} 的最低值位置虽然相距不远，但还是稍有差别。

　　另外，随着地面吸声系数的提高，C_{50} 在不同受声点上提高的程度是不一样的。图 5.41 给出了地面吸声系数分别为 0.1 与 0.9 时 C_{50} 在不同受声点上的差异。值得一提的是，当地面吸声系数从 0.1 上升到 0.9 时，C_{50} 在距广场中心约 5 m 处的提升效果最低。这与前文中提到的——当地面吸声系数很低时，距广场中心约 5 ~ 7 m 处出现 EDT 跃升的现象——同时说明了来自侧墙的长延时反射声引起的一些特点。

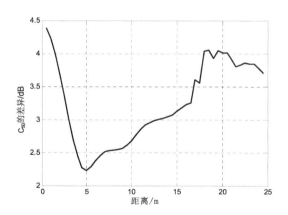

图 5.41　地面吸声系数分别为 0.1 与 0.9 时 C_{50} 的差异

5.4.4 镜面反射地面

上文算例中的地面都为理想扩散反射界面,下面研究当地面为镜面反射界面时的声场特性。这个模型与 Kang 在研究具有扩散反射侧面与镜面反射地面的街道空间声场中采用的计算模型是一致的[15]。

如果地面的吸声系数很大,那么无论地面反射模式是理想镜面反射还是理想扩散反射,广场内声场的差别不大。例如在极端情况下,当地面的吸声系数为 1 时,这两种地面反射模式对声场不起任何影响。相反,当地面反射很强时,两种地面反射模式引起的差别也显露出来。如果侧墙具有很强的吸声而地面有较强的反射,则声场特性主要由地面反射模式决定,地面的反射模式带来的声场差别是显然的。

我们感兴趣的是,当广场侧墙与地面都具有较高反射系数时,两种地面反射模式引起的声场差别。这种界面的广场也是最为常见的。为此,研究两个特例:在两个半径为 25 m、高为 25 m 的广场中,假设地面全反射,地面吸声系数为 0,侧墙吸声系数为 0.1,略高于地面,其中一个广场地面为理想扩散反射,称为算例 Dif;另一个广场地面为理想镜面反射,称为算例 Spe。声源仍位于广场中心,高于地面 2 m。受声点平面高于地面 1.5 m。

(1) 混响特性

图 5.42 与图 5.43 分别为 EDT、T_{30} 在算例 Dif 与 Spe 中的分布。当受声点靠近广场中心时,EDT 与 T_{30} 的数值变化较大,而远离广场中心时,EDT 与 T_{30} 的数据则非常平稳。对具有扩散反射地面的算例 Dif 来说,EDT 与 T_{30} 在声源附近的数值要低于远场区;而对于具有镜面反射地面的算例 Spe 来说,EDT 与 T_{30} 在声源附近的数值非常高,且随着受声点远离广场中心,EDT 与 T_{30} 开始逐渐下降,然后到非常稳定的远场值上。

另外,算例 Spe 的 EDT 与 T_{30} 要高于算例 Dif 的相应数值。当受声点位于广场中心附近时,两个算例间的差距非常明显,特别是对 EDT 而言。而在远场区,两个算例在 EDT 与 T_{30} 上的差距都约为 0.2 s (10% 以下),也就是说,当侧墙吸声系数很小时，在不是非常靠近声源的广场中心区的大部分受声点上，两种反射地面广场中 EDT 与 T$_{30}$ 的差别不大。

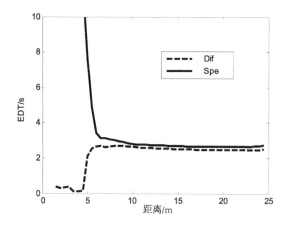

图 5.42　算例 Dif 与 Spe 中 EDT 的分布

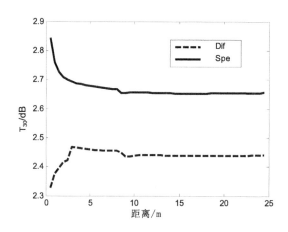

图 5.43　算例 Dif 与 Spe 中 T$_{30}$ 的分布

(2) 声压级

图 5.44 为 SPL 在算例 Dif 与 Spe 中的分布。图形显示，在非常靠近广场中心的位置，两种地面反射情况下的 SPL 几乎没有差别，这是因为声源的直达声占据了 SPL 中的绝对主导地位。而当受声点稍微离开广场中心时，两个算例的 SPL 就开始出现差别，算例 Dif 比 Spe 的 SPL 数值要高，并且随着受

声点远离广场中心向边界移动，该差别从 0 dB 上升到一个最大值，然后再下降趋于平稳。

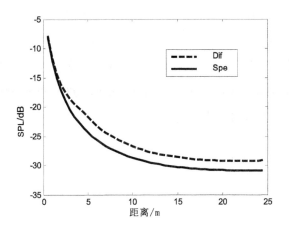

图 5.44　算例 Dif 与 Spe 中 SPL 的分布

图 5.45 显示了算例 Dif 与 Spe 的 SPL 的差距。差距最大值出现的地方为水平方向上距广场中心约 5 m 的位置，这个位置也是 EDT 变化比较剧烈之处。

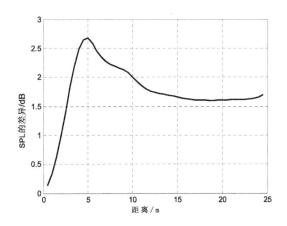

图 5.45　算例 Dif 与 Spe 中 SPL 的差异

图 5.46 为 SPLr 在算例 Dif 与 Spe 中的分布。两个算例的 SPLr 恰恰在广场中心处差距最大，接近 10 dB，但是由于广场中心附近反射声能量小于直达

声，故这一差异不能在 SPL 中表现出来。随着受声点离开广场中心，直达声能随距离的增加而迅速平方衰减，SPLr 的差异就开始明显地表现在 SPL 中。另外，与扩散反射地面广场中 SPLr 曲线形状非常不同的是，在镜面反射地面的广场中，随着受声点从广场中心向边界移动，SPLr 几乎沿直线均匀地从最低值单调上升到最高值。EDT 与 T_{30} 并没有因为扩散反射地面给广场中心带来的丰富反射声而延长，其反而短于镜面反射地面，这说明未形成能量集中的长延时反射，而是在时间上分散开了。

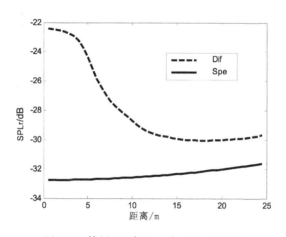

图 5.46　算例 Dif 与 Spe 中 SPLr 的分布

(3) 语言清晰度

图 5.47 与图 5.48 分别为 C_{50}、STI 在算例 Dif 与 Spe 中的分布。图形显示两种反射地面下的 C_{50} 与 STI 没有表现出趋势上的明显差异。

参考图 5.46 中 SPLr 的分布，虽然广场中心两种地面带来的反射声能有较大的差异，但是此时直达声能的强度占主导地位，这是 C_{50} 与 STI 的趋势没有很大别的部分原因。而当受声点离开广场中心附近时，两个算例中的反射声能差异迅速减小，并且算例 Dif 中比算例 Spe 稍高的反射声能在时间上较为分散地分布在脉冲响应中，并非集中在脉冲响应中的早期或后期，这也是 C_{50} 与 STI 的趋势没有很大差异的原因。

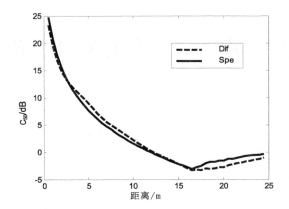

图 5.47 算例 Dif 与 Spe 中 C_{50} 的分布

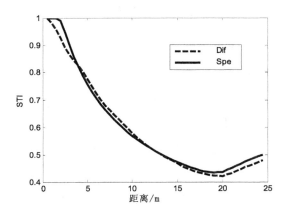

图 5.48 算例 Dif 与 Spe 中 STI 的分布

附录 声学辐射度模型程序概况

本书的研究工作所使用的计算机程序由作者本人开发。算法涉及并行实现、使用声场松弛理论来控制计算时间等内容。程序在 Microsoft Visual C++ 上采用面向对象的方式进行编写，采用"文档 - 视"的结构进行组织。

类与对象

与辐射度运算相关的主要的"类"定义如下，由此产生各种对象。

① "房间/Room"类，表示要进行仿真计算的房间。在本程序中，房间有4种类型。类型 1 为矩形房间，其几何形式为一个立方体，由 6 个矩形的界面组成。类型 2 为柱形房间，其几何形式为一个无顶面与底面的圆柱体。类型 3 为"球形"房间，即房间为球体形式。类型 4 为自由形状的房间。前 3 类房间可以利用自身的对称性加速界面单元之间的形式因子计算，特别是矩形房间，界面单元可以划分为相互平行或垂直的矩形平面网格，可以使用解析公式计算单元之间的形式因子，速度与精度都非常高。当然前三类房间类型也都可以看作类型 4。

② "墙面/Wall"类，表示组成房间的平面墙面。该类为房间类的数据成员。例如立方体房间由 6 个面组成，于是每个房间对象包含 6 个墙面对象。

③ "界面单元/Node"类，表示划分平面墙面形成的界面单元。该类为墙面类的派生类，并充当墙面类的数据成员。界面单元类的主要功能是：每个界面单元对象都要保持一个数据结构，以记录其他单元对该单元形成的形式因子和其他单元与该单元之间的距离。另外，每个界面单元对象还要保持一个数据结构来记录该单元的"平面响应"。

④ "声源/Source"类和"受声点/Receiver"类。每个声源对象（本书只使用了无指向性脉冲点声源）代表一个声源，它要记录该声源的位置、声功率和

发声时间。系统中必须存在一个主声源，规定主声源的发声时刻为 $t = 0$。当存在多个声源时，须指定一个发声最早的声源为主声源。每个受声点对象表示一个受声点，它要记录该受声点的位置并保持一个数据结构来记录该受声点处的脉冲响应。另外，它还要包含一些数据成员，以记录得到脉冲响应后计算的一些声学参量。

⑤ 其他的辅助类。"点/Point"类，表示一个三维空间中的一个点或者从原点出发到空间中某个点处终止的向量。该类还包含了一些处理点与点之间运算（如计算两点间距离）以及向量运算（如作内积）的函数。墙类以及其派生类界面单元类都以点类作为数据成员，因为墙面与界面单元都是由顶点形成的闭合平面，而顶点由点类来表示。另外，声源类与受声点类也是点类的派生类。"受声点组/RecGrp"类，用于在辐射度运算完成后添加受声点并进行脉冲响应与声学参量的计算以及结果的输出。该类支持成组添加与修改受声点，并提供了一个对话框以便于操作。由于存在大规模的同类运算，该类保持了自己的一个内存区用于临时运算，避免了反复调用临时变量并在计算完成后释放或者申请临时内存再释放的过程（该过程耗费 CPU 时间），节约了计算时间。"形式因子计算/FormfactorCal"类，封装了与形式因子计算相关的一些算法函数，并且由于众多单元之间的形式因子计算涉及大量的同类运算，该类也保持了自己的一个内存区用于计算。"工作线程/WorkingThread"类，是 CThread 类的派生类，支持并行计算。该类包含了辐射度运算的一些算法，如"发射"。

程序实现

一个房间的构成如图 A.1 所示。一个房间由几个墙面组成，每个墙面则再划分为界面单元。每个墙面包含的界面单元数并不一定相同。之所以采用这样的两级结构来组成一个房间，是因为同处于一个平面墙面上的界面单元之间没有直接的能量交换。换句话说，辐射度运算操作只在不同墙面上的界面单元之间进行。这样来构成房间或组织界面单元有利于简化运算。

房间数据结构的具体实现过程如下。在文档类中保持一个房间类的指针，

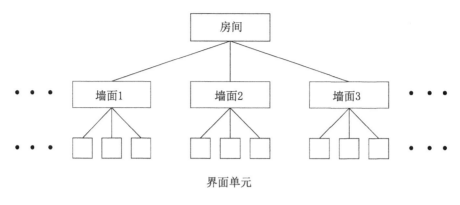

图 A.1 房间的构成

用来指向一个房间对象。在每个房间类中则保持一个指向墙面指针数组的指针以及一个整型数。该整型数记录房间墙面的个数，即墙面指针数组的长度。墙面指针数组的每一位就是指向墙面对象的指针。同样，每个墙面类中保持一个指向界面单元指针数组的指针以及一个整型数。该整型数表示该墙面对象中包含的界面单元数，即相应的界面单元指针数组的长度。每个界面单元则进一步包含指向记录形式因子、单元间距离以及单元平面响应的数据结构的指针。

在文档类中也包含一个指向声源数组的指针。声源数组存放了系统中的声源。视图类提供了一系列的控件，对文档类及其包含的房间对象（及其数据成员）与声源对象进行操作。视图类也提供了一些控件，进行另外的相关操作。一般地，程序的操作步骤如下。

① 建立房间。该步骤包括生成一个房间对象，生成该房间对象的数据成员墙面对象，并划分墙面，形成墙面对象包含的数据成员界面单元对象。

② 计算界面形式因子与单元间距离。

③ 辐射度计算/松弛运算。当采用脉冲声源时，辐射度计算也称为松弛运算。这是因为声源停止发声后，声能在界面单元之间的能量交换过程也称为房间声场松弛过程。

④ 计算受声点脉冲响应。松弛运算完成后，可以通过视图类调用受声点组类的窗口函数进行受声点的脉冲响应与声学参数计算。

程序的主界面如图 A.2 所示。

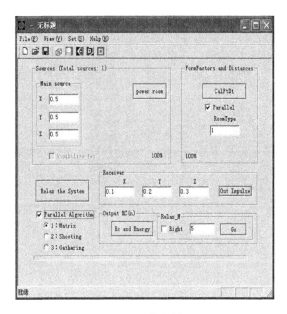

图 A.2　程序主界面

程序特点

① 采用了并行计算

由于单元之间的形式因子与距离的计算是相互独立的，所以对这两项计算采用了并行实现，在具有多个 CPU 的系统上可以进行高效计算。同时对辐射度运算也可采用并行实现。

完成一次辐射度运算后，可以对声场中任意位置的受声点进行声场的计算，即，可以成组地设置受声点，对声场的空间分布与变化规律进行系统的研究。本程序可以在自身提供的界面中逐个增加与修改受声点，也可以在 MAT-LAB 中成组定义受声点，存为 .mat 文件，然后本软件通过读取该 .mat 文件，成组导入受声点并进行计算。

图 A.3 显示，成组添加受声点后，每个受声点的位置与声学参量都列在列表框中。由于受声点声场计算是相互独立的，所以对于成组受声点的计算可以实现理想并行。

② 与其他软件的交互

附录 声学辐射度模型程序概况

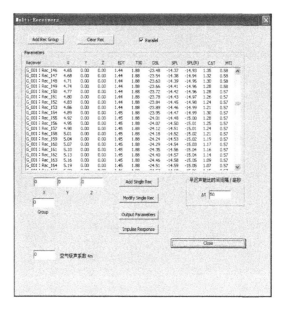

图 A.3　声学参量计算

　　一些简单房间的模型可以通过本程序自身建立，而一般房间的模型则可以通过 AUTOCAD 建立，使用.DXF 格式输入到程序中。计算的结果包括单元平面响应、脉冲响应与声学参数，可以输出到 MATLAB 中进行处理。

　　③ 使用了新算法

　　本程序的特色是使用了声场松弛概念进行辐射度运算的控制。

　　图 A.4 显示了用声学辐射度模型对一个房间进行仿真计算的例子，其中时间间隔取 1 ms。从图中右部的进度条控件中可以看到，此时声场中的总能量才衰变到 −12 dB 左右（声源停止发声后声场中初始能量记为 0 dB），松弛判据已经满足，计算可以终止。图中曲线从上到下依次为 $RC(10)$、$RC(5)$ 以及 $RC(1)$，它们在后期呈现出明显的线性与平行性质。

156

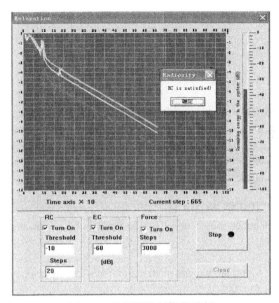

图 A.4　利用松弛判据的示例

参考文献

[1]   ALLEN J B, BERKLEY D A. Image method for efficiently simulating small-room acoustics [J]. The Journal of the Acoustical Society of America, 1979, 65(4): 943-950.

[2]   ZAGAR L E. The use of the image source method for modeling room acoustics[J]. The Journal of the Acoustical Society of America, 1983, 74(6): 1914-1914.

[3]   LEHMANN E A, JOHANSSON A M. Prediction of energy decay in room impulse responses simulated with an image-source model[J]. The Journal of the Acoustical Society of America, 2008, 124(1): 269.

[4]   KULOWSKI A. Algorithmic representation of the ray tracing technique[J]. Applied Acoustics, 1985, 18(6): 449-469.

[5]   LONG M. Architectural acoustics[M]. 2nd ed. Boston: Academic Press, 2014: 873-910.

[6]   STEPHENSON U M. The differences and though the equivalence in the detection methods of particle, ray, and beam tracing[C]//Proceedings of Meetings on Acoustics: volume 19. 2013: 1-9.

[7]   GORAL C M, TORRANCE K E, GREENBERG D P, et al. Modeling the interaction of light between diffuse surfaces[J]. SIGGRAPH Comput Graph, 1984, 18(3): 213-222.

[8]   COHEN M F, CHEN S E, WALLACE J R, et al. Progressive refinement approach to fast radiosity image generation[J]. Computer Graphics (ACM), 1988, 22(4): 75-84.

[9]   ROBINSON D, STONE A. Internal illumination prediction based on a simplified radiosity algorithm[J]. Solar Energy, 2006, 80(3): 260-267.

[10] DANILINA I, GILLESPIE A R, BALICK L K, et al. Performance of a thermal-infrared radiosity and heat-diffusion model for estimating sub-pixel radiant temperatures over the course of a day[J]. Remote Sensing of Environment, 2012, 124: 492-501.

[11] MOORE G. An approach to the analysis of sound in auditoria[D]. Cambridge, UK: University of Cambridge, 1984.

[12] KUTTRUFF H. Simulierte nachhallkurven in rechteckräumen mit diffusem schallfeld [simulated reverberation curves in rectangular rooms with diffuse sound fields][J]. Acustica, 1971, 25(6): 333-342.

[13] NOSAL E M, HODGSON M, ASHDOWN I. Improved algorithms and methods for room sound-field prediction by acoustical radiosity in arbitrary polyhedral rooms[J]. The Journal of the Acoustical Society of America, 2004, 116: 970-980.

[14] BOT A L, BOCQUILLET A. Comparison of an integral equation on energy and the ray-tracing technique in room acoustics[J]. The Journal of the Acoustical Society of America, 2000, 108: 1732-1740.

[15] KANG J. Sound propagation in street canyons: comparison between diffusely and geometrically reflecting boundaries[J]. The Journal of the Acoustical Society of America, 2000, 107 (3): 1394-1404.

[16] KANG J. Numerical modeling of the sound fields in urban squares[J]. The Journal of the Acoustical Society of America, 2005, 117(6): 3695-3706.

[17] 张红虎, 张三明. 镜面与扩散反射界面球形空间语言清晰度比较[J]. 浙江大学学报（工学版）, 2010(4): 194-200.

[18] 张红虎, 郑卫. 临街高大厂房噪声引起的街道声场的仿真模型[J]. 华南理工大学学报（自然科学版）, 2012(6): 149-155.

[19] NAISH D A, ANDY T, DEMIRBILEK F N. Speech interference and transmission on residential balconies with road traffic noise[J]. The Journal of the Acoustical Society of America, 2013, 133(1): 210-221.

[20] LEWERS T. A combined beam tracing and radiation exchange computer model of room acoustics[J]. Applied Acoustics, 1993, 38(2-4): 161-178.

[21] KORANY N, BLAUERT J, ALIM O A. Acoustic simulation of rooms with boundaries of partially specular reflectivity[J]. Applied Acoustics, 2001, 62(7): 875-887.

[22] LE BOT A. A functional equation for the specular reflection of rays[J]. The Journal of the Acoustical Society of America, 2002, 112(4): 1276-1287.

[23] KOUTSOURIS G I, JONAS B, CHEOL-HO J, et al. Combination of acoustical radiosity and the image source method[J]. The Journal of the Acoustical Society of America, 2013, 133(6): 3963-3974.

[24] GERD M, JONAS B, CHEOL-HO J, et al. Development and validation of a combined phased acoustical radiosity and image source model for predicting sound fields in rooms[J]. The Journal of the Acoustical Society of America, 2015, 138(3): 1457-1468.

[25] KAJIYA J T. The rendering equation[J]. SIGGRAPH Computer Graphics (ACM), 1986, 20 (4): 143-150.

[26] SILTANEN S, LOKKI T, KIMINKI S, et al. The room acoustic rendering equation[J]. The Journal of the Acoustical Society of America, 122(3): 1624.

[27] HONGHU Z. On a special integral equation with an exponential parameter in the kernel[J]. Journal of Integral Equations and Applications, 2019, 31(3): 431-464.

[28] ZHANG H. Theoretical analysis on structure of sound energy field decay of acoustical radiosity model with finite initial excitation[J]. The Journal of the Acoustical Society of America, 2020, 147(1): 399-410.

[29] KUTTRUFF H. Room acoustics[M]. 6th ed. London: CRC Press, 2017.

[30] 杨贤荣，马庆芳. 辐射换热角系数手册[M]. 北京: 国防工业出版社, 1982.

[31] KANG J. Numerical modelling of the sound fields in urban streets with diffusely reflecting boundaries[J]. Journal of Sound and Vibration, 2002, 258(5): 793-813.

[32] AUPPERLE L, HANRAHAN P. Importance and discrete three point transport[C]// Proceedings of the Fourth Eurographics Workshop on Rendering. 1993: 85-94.

[33] DUMONT R, BOUATOUCH K, GOSSELIN P. A progressive algorithm for three point transport[J]. SIGGRAPH Computer Graphics (ACM), 1999, 18: 41-56.

[34] 张红虎. 基于辐射度方法的声场仿真[D]. 广州: 华南理工大学, 2006.

[35] BAUM D R, WINGET J M. Real time radiosity through parallel processing and hardware acceleration[J]. SIGGRAPH Computer Graphics (ACM), 1990, 24(2): 67-75.

[36] PADDON D, CHALMERS A. Parallel processing of the radiosity method[J]. Computer-Aided Design, 1994, 26(12): 917-927.

[37] BOUATOUCH K, PRIOL T. Data management scheme for parallel radiosity[J]. Computer-Aided Design, 1994, 26(12): 876-882.

[38] RENAUD C, ROUSSELLE F. Fast massively parallel progressive radiosity on the mp-1[J]. Parallel computing, 1997, 23(7): 899-913.

[39] YU Y, IBARRA O H, YANG T. Parallel progressive radiosity with adaptive meshing[J]. Journal of Parallel and Distributed Computing, 1997, 42(1): 30-41.

[40] ROUGERON G, GAUDAIRE F, GABILLET Y, et al. Simulation of the indoor propagation of a 60 GHz electromagnetic wave with a time-dependent radiosity algorithm[J]. Computers & Graphics, 2002, 26(1): 125-141.

[41] ZHANG H. Relaxation of sound fields in rooms of diffusely reflecting boundaries and its application in acoustical radiosity simulation[J]. The Journal of the Acoustical Society of America, 2006, 119: 2189-2200.

[42] MILES R N. Sound field in a rectangular enclosure with diffusely reflecting boundaries[J]. Journal of Sound and Vibration, 1984, 92(2): 203-226.

[43] KUTTRUFF H. A simple iteration scheme for the computation of decay constants in enclosures with diffusely reflecting boundaries[J]. The Journal of the Acoustical Society of America, 1995, 98(1): 288-293.

[44] GILBERT E N. An iterative calculation of auditorium reverberation[J]. The Journal of the Acoustical Society of America, 1981, 69(1): 178-184.

[45] SCHROEDER M. New method of measuring reverberation time[J]. The Journal of the Acoustical Society of America, 1965, 37: 409-412.

[46] SABINE W C. Collected papers on acoustics[M]. Cambridge, US: Harvard University Press, 1923: 3-68.

[47] EYRING C F. Reverberation time in "dead" rooms[J]. The Journal of the Acoustical Society of America, 1930, 1(2): 217-241.

[48] MILLINGTON G. A modified formula for reverberation[J]. The Journal of the Acoustical Society of America, 1932, 4(1): 69-82.

[49] FITZROY D. Reverberation formula which seems to be more accurate with nonuniform distribution of absorption[J]. The Journal of the Acoustical Society of America, 1959, 31(7): 893-897.

[50] CARROLL M M, CHIEN C F. Decay of reverberant sound in a spherical enclosure[J]. The Journal of the Acoustical Society of America, 1977, 62(6): 1442-1446.

[51] JOYCE W B. Exact effect of surface roughness on the reverberation time of a uniformly absorbing spherical enclosure[J]. The Journal of the Acoustical Society of America, 1978, 64(5): 1429-1436.

[52] CREMER L, MULLER H A. Principles and applications of room acoustics: volume 1[M]. London and New York: Applied Science Publishers LTD, 1982: 243.

[53] MORSE P M, INGARD K U, STUMPF F B. Theoretical acoustics[M]. New Jersey: Princeton University Press, 1987.

[54] HODGSON M. On measures to increase sound-field diffuseness and the applicability of diffuse-field theory[J]. The Journal of the Acoustical Society of America, 1994, 95(6): 3651-3653.

[55] HODGSON M. When is diffuse-field theory applicable?[J]. Applied Acoustics, 1996, 49(3): 197-207.

[56] DAVY J L, DUNN I P, DUBOUT P. The variance of decay rates in reverberation rooms[J]. Acustica, 1979, 43(1): 12-25.

[57] JEON J Y, JANG H S, KIM Y H, et al. Influence of wall scattering on the early fine structures of measured room impulse responses[J]. The Journal of the Acoustical Society of America, 2015, 137(3): 1108-1116.

[58] D'ANTONIO P, COX T J. Diffusor application in rooms[J]. Applied Acoustics, 2000, 60(2): 113-142.

[59] CARROLL M M, MILES R N. Steady-state sound in an enclosure with diffusely reflecting boundary[J]. The Journal of the Acoustical Society of America, 1978, 64(5): 1424-1428.

[60] DYKE P P G. An introduction to laplace transforms and fourier series[M]. London: Springer, 2014.

[61] ZEMYAN S. The classical theory of integral equations: a concise treatment[M]. New York: Birkhäuser, 2012.

[62] SMITHIES F. Integral equations[M]. London: Cambridge University Press, 1958.

[63] OSGOOD W, GRAUSTEIN W. Plane and solid analytic geometry[M]. New York: Macmillan, 1922.

[64] ZAGAR, EDWARD L. The use of the image source method for modeling room acoustics[J]. The Journal of the Acoustical Society of America, 1983, 74(6): 1914.

[65] 工业企业噪声控制设计规范: GB/T 50087 – 2013[S]. 北京: 中国建筑工业出版社, 2013.

[66] 声环境质量标准: GB 3096 – 2008[S]. 北京: 中国环境科学出版社, 2008.

[67] 环境影响评价技术导则 声环境: HJ 2.4 – 2009[S]. 北京: 中国环境科学出版社, 2009.

[68] KANG J. A radiosity-based model for simulating sound propagation in urban streets[J]. The Journal of the Acoustical Society of America, 1999, 106(4): 2262.

[69] 钟祥璋. 建筑吸声材料与隔声材料[M]. 北京: 化学工业出版社, 2012.

[70] BRADLEY J, REICH R, NORCROSS S. A just noticeable difference in C_{50} for speech[J]. Applied Acoustics, 1999, 58(2): 99-108.